线性代数（经管类）

主　编　韩云龙　叶玉清　盛春红
副主编　于　冰　王梦阳　张秀兰
　　　　沈晓飞　吕东雪

北京理工大学出版社
BEIJING INSTITUTE OF TECHNOLOGY PRESS

内 容 简 介

本书是编者根据经济管理类数学基础课程教学的基本要求，综合目前应用型本科院校的教学现状，结合多年应用型本科教学经验编写而成的。全书分为行列式、矩阵、向量组和线性方程组、矩阵的特征值与特征向量、二次型等章，每章末配有习题，书后附有习题答案。

本书体现了教学改革及教学内容的优化要求，书中融入了课程思政元素，并针对应用型本科的办学特色及教学需求，适当降低理论深度，突出数学知识应用的分析和运算方法，着重基本技能的训练而不过分追求技巧，兼顾知识的学习与能力的培养，有利于学生的可持续发展，并体现新的教学理念。

图书在版编目（CIP）数据

线性代数：经管类 / 韩云龙，叶玉清，盛春红主编. --北京：北京理工大学出版社，2024.4

ISBN 978-7-5763-3933-8

Ⅰ.①线… Ⅱ.①韩… ②叶… ③盛… Ⅲ.①线性代数-高等学校-教材 Ⅳ.①O151.2

中国国家版本馆 CIP 数据核字（2024）第 091059 号

责任编辑：陆世立　　**文案编辑**：李　硕
责任校对：刘亚男　　**责任印制**：李志强

出版发行 / 北京理工大学出版社有限责任公司
社　　址 / 北京市丰台区四合庄路 6 号
邮　　编 / 100070
电　　话 / （010）68914026（教材售后服务热线）
（010）68944437（课件资源服务热线）
网　　址 / http://www.bitpress.com.cn

版 印 次 / 2024 年 4 月第 1 版第 1 次印刷
印　　刷 / 北京广达印刷有限公司
开　　本 / 787 mm×1092 mm　1/16
印　　张 / 7
字　　数 / 165 千字
定　　价 / 60.00 元

前言
PREFACE

随着经济全球化和数字化的加速发展，线性代数作为一门基础数学学科，其在经济管理领域中的应用日益广泛。党的二十大报告提出：“教育、科技、人才是全面建设社会主义现代化国家的基础性、战略性支撑。”在深入学习贯彻党的二十大精神，坚持教育优先发展、科技自立自强的大背景下，我们编写了本书，旨在为培养新时代科技人才贡献一份绵薄之力。

本书介绍了线性代数的基本概念、理论和方法，并通过实例解析其在实际经济管理中的应用。我们希望通过本书，使读者掌握线性代数的基本知识，理解线性代数在实际问题中的应用，并能够运用线性代数解决实际问题。

本书的特点如下。

1. 知识涵盖全面。本书涵盖了线性代数的基础知识，包括行列式、矩阵、向量组和线性方程组、矩阵的特征值与特征向量、二次型等，并延伸到其在经济管理领域中的应用。

2. 内容通俗易懂。本书采用了通俗易懂的语言和生动的例子，有意识地降低了理论深度，以帮助读者理解线性代数的概念和方法，以及基本概念之间的联系。

3. 注重实际应用。本书注重通过实例解析，将线性代数的理论和方法应用于经济管理的实际问题中，以激发学生的学习兴趣及求知欲。

4. 融入课程思政。本书每章末均设置了“课程思政”模块，将本章知识点与思政内容相互融合，揭示了线性代数中的辩证唯物主义世界观，帮助学生树立正确的人生观和价值观，培养其爱国主义情怀并帮助其领悟数学之美。

本书编写的具体分工为：第一章由于冰、叶玉清编写，第二章由张秀兰、韩云龙编写，第三章由沈晓飞、盛春红编写，第四章由吕东雪编写，第五章由王梦阳编写。

在本书的编写过程中，我们得到了许多专家和学者的支持和帮助，在此向他们表示衷心的感谢。同时，我们希望广大读者能够提出意见和建议，帮助我们不断改进和提高教材质量。

编者

2023 年 11 月

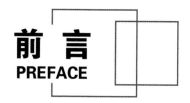

目 录

CONTENTS

第一章 行列式

在许多实际问题中，人们常常会碰到解线性方程组的问题．行列式是伴随着线性方程组的研究诞生的．如今，它已经是线性代数的重要工具之一，在许多学科分支中具有广泛的应用.

本章将从二元线性方程组出发，引入二阶行列式的概念，并推广至三阶行列式. 在总结其规律的基础上，给出 n 阶行列式的定义，并研究行列式的性质及其计算方法，给出行列式按行(列)展开定理．此外，本章还将介绍求解 n 元线性方程组的克拉默法则(Cramer's rule).

第一节 二阶与三阶行列式

一、二元线性方程组与二阶行列式

用消元法解二元线性方程组

$$\begin{cases} a_{11}x_1 + a_{12}x_2 = b_1 \\ a_{21}x_1 + a_{22}x_2 = b_2 \end{cases}, \tag{1.1}$$

为消去未知数 x_2，用 a_{22} 与 a_{12} 分别乘两个方程的两端，然后将两个方程相减，得

$$(a_{11}a_{22} - a_{12}a_{21})x_1 = a_{22}b_1 - a_{12}b_2,$$

类似地，消去 x_1，得

$$(a_{11}a_{22} - a_{12}a_{21})x_2 = a_{11}b_2 - a_{21}b_1,$$

当 $a_{11}a_{22} - a_{12}a_{21} \neq 0$ 时，求得方程组(1.1)的解为

$$x_1 = \frac{a_{22}b_1 - a_{12}b_2}{a_{11}a_{22} - a_{12}a_{21}}, \quad x_2 = \frac{a_{11}b_2 - a_{21}b_1}{a_{11}a_{22} - a_{12}a_{21}},$$

为便于叙述和记忆这个表达式，引入记号

$$D = \begin{vmatrix} a_{11} & a_{12} \\ a_{21} & a_{22} \end{vmatrix} = a_{11}a_{22} - a_{12}a_{21}, \tag{1.2}$$

称 D 为**二阶行列式**，简记为 $D = \det(a_{ij})$（det 为行列式英文 determinant 的缩写）.

数 $a_{ij}(i = 1, 2;\ j = 1, 2)$ 称为行列式(1.2)的元素，元素 a_{ij} 的第 1 个下标 i 称为行标，表明该元素位于第 i 行，第 2 个下标 j 称为列标，表明该元素位于第 j 列.

上述二阶行列式的定义可用对角线法则来记忆，从左上角到右下角的对角线(称为行列式的主对角线)上两元素之积，取正号；从右上角到左下角的对角线(称为行列式的副对角

线)上两元素之积，取负号．于是，二阶行列式便是主对角线上的两元素之积减去副对角线上两元素之积所得之差.

利用二阶行列式的概念，方程组(1.1)的解也可用二阶行列式表示为

$$a_{22}b_1-a_{12}b_2=\begin{vmatrix}b_1 & a_{12}\\ b_2 & a_{22}\end{vmatrix},\ a_{11}b_2-a_{21}b_1=\begin{vmatrix}a_{11} & b_1\\ a_{21} & b_2\end{vmatrix}.$$

若记

$$D=\begin{vmatrix}a_{11} & a_{12}\\ a_{21} & a_{22}\end{vmatrix},\ D_1=\begin{vmatrix}b_1 & a_{12}\\ b_2 & a_{22}\end{vmatrix},\ D_2=\begin{vmatrix}a_{11} & b_1\\ a_{21} & b_2\end{vmatrix},$$

那么方程组(1.1)的解可记为

$$x_1=\frac{D_1}{D}=\frac{\begin{vmatrix}b_1 & a_{12}\\ b_2 & a_{22}\end{vmatrix}}{\begin{vmatrix}a_{11} & a_{12}\\ a_{21} & a_{22}\end{vmatrix}},\ x_2=\frac{D_2}{D}=\frac{\begin{vmatrix}a_{11} & b_1\\ a_{21} & b_2\end{vmatrix}}{\begin{vmatrix}a_{11} & a_{12}\\ a_{21} & a_{22}\end{vmatrix}}.$$

注意　这里的分母 D 是由方程组(1.1)的系数所确定的二阶行列式(称为线性方程组的系数行列式，要求 $D\neq 0$)，x_1 的分子 D_1 是用常数项 b_1、b_2 替换 D 中 x_1 的系数 a_{11}、a_{21} 所得的二阶行列式，x_2 的分子 D_2 是用常数项 b_1、b_2 替换 D 中 x_2 的系数 a_{12}、a_{22} 所得的二阶行列式.

例 1.1　求解二元线性方程组 $\begin{cases}4x_1-x_2=5\\ 3x_1+2x_2=11\end{cases}$.

解：由于

$$D=\begin{vmatrix}4 & -1\\ 3 & 2\end{vmatrix}=4\times 2-(-1)\times 3=11\neq 0,$$

$$D_1=\begin{vmatrix}5 & -1\\ 11 & 2\end{vmatrix}=5\times 2-(-1)\times 11=21,$$

$$D_2=\begin{vmatrix}4 & 5\\ 3 & 11\end{vmatrix}=4\times 11-5\times 3=29,$$

因此

$$x_1=\frac{D_1}{D}=\frac{21}{11},\ x_2=\frac{D_2}{D}=\frac{29}{11}.$$

二、三阶行列式

定义 1.1　设有 9 个数排成 3 行 3 列的数表

$$\begin{matrix}a_{11} & a_{12} & a_{13}\\ a_{21} & a_{22} & a_{23},\\ a_{31} & a_{32} & a_{33}\end{matrix}\tag{1.3}$$

记

$$
\begin{vmatrix} a_{11} & a_{12} & a_{13} \\ a_{21} & a_{22} & a_{23} \\ a_{31} & a_{32} & a_{33} \end{vmatrix}
= a_{11}a_{22}a_{33} + a_{12}a_{23}a_{31} + a_{13}a_{21}a_{32} - a_{11}a_{23}a_{32} - a_{12}a_{21}a_{33} - a_{13}a_{22}a_{31}, \tag{1.4}
$$

式(1.4)称为数表(1.3)所确定的三阶行列式.

上述定义表明三阶行列式含6项，每项均为来自不同行、不同列的3个元素的乘积，再冠以正、负号，其规律遵循图1.1所示的三阶行列式对角线法则：图中有3条实线，将其看作平行于主对角线的连线；3条虚线，将其看作平行于副对角线的连线；实线上3个元素的乘积冠正号，虚线上3个元素的乘积冠负号.

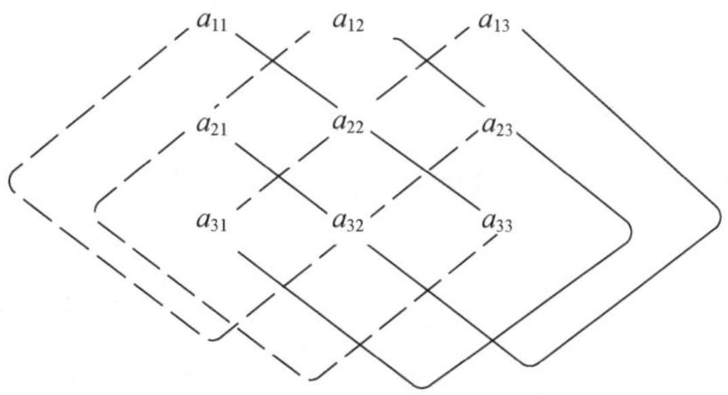

图1.1　三阶行列式对角线法则

例1.2　计算三阶行列式 $D = \begin{vmatrix} 1 & 2 & 3 \\ 4 & 0 & 5 \\ -1 & 0 & 6 \end{vmatrix}$.

解：按三阶行列式对角线法则，有

$D = 1\times 0\times 6 + 2\times 5\times(-1) + 3\times 4\times 0 - 3\times 0\times(-1) - 1\times 5\times 0 - 2\times 4\times 6$

$= -10 - 48$

$= -58.$

例1.3　求解方程 $\begin{vmatrix} 1 & 1 & 1 \\ 2 & 3 & x \\ 4 & 9 & x^2 \end{vmatrix} = 0.$

解：方程左端的三阶行列式为

$$D = 3x^2 + 4x + 18 - 9x - 2x^2 - 12 = x^2 - 5x + 6,$$

令 $x^2 - 5x + 6 = 0$，解得 $x = 2$ 或 $x = 3$.

注意　对角线法则只适用于二阶与三阶行列式，为研究四阶及更高阶行列式，下一节将先介绍有关全排列的知识，然后给出 n 阶行列式的概念.

【应用案例】(爱情行列式)

$$
\begin{vmatrix} 我 & 0 & 生 \\ 0 & 有 & 0 \\ 你 & 0 & 幸 \end{vmatrix},\quad
\begin{vmatrix} 5 & 2 & 1 \\ 1 & 2 & 5 \\ 34 & 1 & 34 \end{vmatrix}.
$$

第二节　n 阶行列式

一、排列与逆序

先看一个例子，用 1、2、3 这 3 个数字，可以组成多少个没有重复数字的三位数？

这个问题相当于把 3 个数字分别放在百位、十位与个位上，问有几种不同的放法.

显然，百位上可以从 1、2、3 这 3 个数字中任选一个，所以有 3 种放法；十位上只能从剩下的两个数字中选一个，所以有 2 种放法；而个位上只能放最后剩下的一个数字，所以只有 1 种放法．因此，共有 $3\times2\times1=6$ 种放法.

这 6 个不同的三位数是

$$123,\ 231,\ 312,\ 132,\ 213,\ 321.$$

在数学中，把考察的对象，如上例中的数字 1、2、3 称为**元素**. 那么，上述问题相当于：把 3 个不同的元素排成一列，共有几种不同的排法？

对于 n 个不同的元素，也可以提出类似的问题：把 n 个不同的元素排成一列，共有几种不同的排法？

把 n 个不同的元素排成一列，称为这 n 个元素的**全排列**(简称排列).

n 个不同元素的所有排列的个数，通常用 p_n 表示．由上例的结果可知 $p_3=3\times2\times1=6$.

为了得出计算 p_n 的公式，可以仿照上例进行讨论：

从 n 个元素中任取一个放在第 1 个位置上，有 n 种取法；

又从剩下的 $n-1$ 个元素中任取一个放在第 2 个位置上，有 $n-1$ 种取法；

这样继续下去，直到最后只剩下一个元素并将其放在第 n 个位置上，只有 1 种取法，于是

$$p_n=n\times(n-1)\times\cdots\times3\times2\times1=n!.$$

对于 n 个不同的元素，先规定各元素之间有一个标准顺序(例如，n 个不同的自然数，可规定由小到大为标准顺序)，于是在这 n 个元素的任意排列中，当某两个元素的先后顺序与标准顺序不同时，就说有**一个逆序**. 一个排列中所有逆序的总数称为这个排列的**逆序数**.

逆序数为奇数的排列称为**奇排列**，逆序数为偶数的排列称为**偶排列**.

下面来讨论计算 n 级排列的逆序数的方法.

不失一般性，不妨设 n 个元素为 1~ n 这 n 个自然数，并规定由小到大为标准顺序．设

$$p_1p_2\cdots p_n$$

为这 n 个自然数的一个排列，考虑元素 $p_i(i=1,\ 2,\ \cdots,\ n)$，如果比 p_i 大且排在 p_i 前面的元素有 t_i 个，那么就说 p_i 这个元素的逆序数是 t_i. 全体元素的逆序数之和

$$t=t_1+t_2+\cdots+t_n=\sum_{t=1}^{n}t_i$$

称为这个排列的逆序数，记为 $\tau(p_1p_2\cdots p_n)$.

例 1.4　求排列 35214 的逆序数.

解：在排列 32514 中有以下关系.

3 排在首位，逆序数为 0.

2 的前面比 2 大的数有 1 个（3），故逆序数为 1.

5 是最大数，逆序数为 0.

1 的前面比 1 大的数有 3 个（3、2、5），故逆序数为 3.

4 的前面比 4 大的数有 1 个（5），故逆序数为 1，于是这个排列的逆序数为

$$\tau(32514)=0+1+0+3+1=5.$$

二、n 阶行列式的定义

为了定义 n 阶行列式，下面先来研究三阶行列式的结构．将三阶行列式定义为

$$\begin{vmatrix} a_{11} & a_{12} & a_{13} \\ a_{21} & a_{22} & a_{23} \\ a_{31} & a_{32} & a_{33} \end{vmatrix}$$

$$=a_{11}a_{22}a_{33}+a_{12}a_{23}a_{31}+a_{13}a_{21}a_{32}-a_{11}a_{23}a_{32}-a_{12}a_{21}a_{33}-a_{13}a_{22}a_{31}. \tag{1.5}$$

容易看出：

(1)式(1.5)右端的每一项都恰是 3 个元素的乘积，这 3 个元素位于不同的行、不同的列．因此，式(1.5)右端的任意项除正、负号外，可以写成 $a_{1p_1}a_{2p_2}a_{3p_3}$. 这里第 1 个下标(行标)排成标准顺序 123，第 2 个下标(列标)排成 $p_1p_2p_3$，它是 1、2、3 这 3 个数的某个排列．这样的排列共有 6 种，对应式(1.5)的右端共含 6 项.

(2) 各项的正、负号与列标的排列对照：

带正号的 3 项列标排列是：123，231，312，它们均为偶排列；

带负号的 3 项列标排列是：132，213，321，它们均为奇排列.

因此，各项所带的正、负号可以表示为 $(-1)^t$，其中 t 为列标排列的逆序数.

综上，三阶行列式可以写成

$$\begin{vmatrix} a_{11} & a_{12} & a_{13} \\ a_{21} & a_{22} & a_{23} \\ a_{31} & a_{32} & a_{33} \end{vmatrix}=\sum_{p_1p_2p_3}(-1)^t a_{1p_1}a_{2p_2}a_{3p_3},$$

其中，t 为排列 $p_1p_2p_3$ 的逆序数，$\sum$ 表示对 1、2、3 这 3 个数的所有排列 $p_1p_2p_3$ 取和.

按照以上方式，可以把行列式推广到一般情形.

定义 1.2　设有 n^2 个数，排成 n 行 n 列的数表

$$\begin{matrix} a_{11} & a_{12} & \cdots & a_{1n} \\ a_{21} & a_{22} & \cdots & a_{2n} \\ \vdots & \vdots & & \vdots \\ a_{n1} & a_{n2} & \cdots & a_{nn} \end{matrix}.$$

求出表中位于不同行、不同列的 n 个数的乘积，并冠以符号 $(-1)^t$，得到形如

$$(-1)^t a_{1p_1}a_{2p_2}\cdots a_{np_n} \tag{1.6}$$

的项，其中 $p_1p_2\cdots p_n$ 为自然数1，2，…，n 的一个排列，t 为这个排列的逆序数．由于这样的排列共有 $n!$个，因此形如式(1.6)的项共有 $n!$ 项．所有 $n!$ 项的代数和

$$\sum(-1)^t a_{1p_1}a_{2p_2}\cdots a_{np_n}$$

称为 **n 阶行列式**，记为

$$D=\begin{vmatrix} a_{11} & a_{12} & \cdots & a_{1n} \\ a_{21} & a_{22} & \cdots & a_{2n} \\ \vdots & \vdots & & \vdots \\ a_{n1} & a_{n2} & \cdots & a_{nn} \end{vmatrix},$$

简记为 $\det(a_{ij})$．数 a_{ij} 称为行列式 $\det(a_{ij})$ 的第 i 行第 j 列的**元素**．

按此定义的二阶、三阶行列式，与第一节中用对角线法则定义的二阶、三阶行列式显然是一致的．当 $n=1$ 时，一阶行列式 $|a|=a$．**注意**不要与绝对值记号混淆．

例 1.5 证明对角行列式(其中对角线上的元素是 λ_i，未写出的元素都是0)满足

$$\begin{vmatrix} \lambda_1 & & & \\ & \lambda_2 & & \\ & & \ddots & \\ & & & \lambda_n \end{vmatrix}=\lambda_1\lambda_2\cdots\lambda_n;$$

$$\begin{vmatrix} & & & \lambda_1 \\ & & \lambda_2 & \\ & \iddots & & \\ \lambda_n & & & \end{vmatrix}=(-1)^{\frac{n(n-1)}{2}}\lambda_1\lambda_2\cdots\lambda_n.$$

证明：第1式是显然的，下面只证明第2式．若记 $\lambda_i=a_{i,\ n-i+1}$，则依行列式的定义，有

$$\begin{vmatrix} & & & \lambda_1 \\ & & \lambda_2 & \\ & \iddots & & \\ \lambda_n & & & \end{vmatrix}=\begin{vmatrix} & & & a_{1n} \\ & & a_{2,\ n-1} & \\ & \iddots & & \\ a_{n1} & & & \end{vmatrix}$$

$$=(-1)^t a_{1n}a_{2,\ n-1}\cdots a_{n1}=(-1)^t\lambda_1\lambda_2\cdots\lambda_n.$$

其中 t 为排列 $n(n-1)\cdots 21$ 的逆序数，故

$$t=0+1+2+\cdots+(n-1)=\frac{n(n-1)}{2}.$$

结论得证.

对角线以下(上)的元素都为0的行列式，称为上(下)三角形行列式，它的值与对角行列式一样.

例 1.6 证明下三角形行列式

$$D=\begin{vmatrix} a_{11} & 0 & \cdots & 0 \\ a_{21} & a_{22} & \cdots & 0 \\ \vdots & \vdots & & \vdots \\ a_{n1} & a_{n2} & \cdots & a_{nn} \end{vmatrix}=a_{11}a_{22}\cdots a_{nn}.$$

证明：由于当$j>i$时，$a_{ij}=0$，故分析D中可能不为0的项，其各个元素a_{ip_i}的下标应满足$p_i\leqslant i$，即$p_1\leqslant 1$，$p_2\leqslant 2$，…，$p_n\leqslant n$同时成立.

在所有排列$p_1p_2\cdots p_n$中，能满足上述关系的只有一个自然排列$12\cdots n$，因此D中可能不为0的项只有一项，$(-1)^t a_{11}a_{22}\cdots a_{nn}$，此项的符号$(-1)^t=(-1)^0=1$，则

$$D=a_{11}a_{22}\cdots a_{nn}.$$

三、对换

为了研究n阶行列式的性质，下面先来讨论对换及它与排列的奇偶性的关系.

在排列中，将任意两个元素对调，其余元素不动，这种操作称为对换．将相邻两个元素对换，称为**相邻对换**.

定理 1.1 一个排列中的任意两个元素对换，排列改变奇偶性.

证明：先证相邻对换的情形.

设排列为$a_1\cdots a_l abb_1\cdots b_m$，对换$a$与$b$，排列变为$a_1\cdots a_l bab_1\cdots b_m$. 显然，$a_1\cdots a_l$和$b_1\cdots b_m$这些元素的逆序数经过对换并不改变，而$a$、$b$两元素的逆序数改变为：当$a<b$时，经对换后$a$的逆序数增加1而$b$的逆序数不变；当$a>b$时，经对换后$a$的逆序数不变而$b$的逆序数减少1. 因此，排列$a_1\cdots a_l abb_1\cdots b_m$与排列$a_1\cdots a_l bab_1\cdots b_m$的奇偶性不同.

下面再证明一般对换的情形.

设排列为$a_1\cdots a_l ab_1\cdots b_m bc_1\cdots c_n$，把它做$m$次相邻对换，变成$a_1\cdots a_l abb_1\cdots b_m c_1\cdots c_n$，再做$m+1$次相邻对换，变成$a_1\cdots a_l bb_1\cdots b_m ac_1\cdots c_n$. 总之，经$2m+1$次相邻对换，排列$a_1\cdots a_l ab_1\cdots b_m bc_1\cdots c_n$变成排列$a_1\cdots a_l bb_1\cdots b_m ac_1\cdots c_n$，因此这两个排列的奇偶性相反.

推论 1.1 奇排列调成标准排列的对换次数为奇数，偶排列调成标准排列的对换次数为偶数.

证明：由定理1.1可知，对换的次数就是排列奇偶性的变化次数，而标准排列是偶排列(逆序数为0)，因此推论成立.

下面利用定理1.1来讨论行列式定义的另一种表示法.

对于行列式的任意项

$$(-1)^t a_{1p_1}\cdots a_{ip_i}\cdots a_{jp_j}\cdots a_{np_n},$$

其中$1\cdots i\cdots j\cdots n$为自然排列，$t$为排列$p_1\cdots p_i\cdots p_j\cdots p_n$的逆序数，对换元素$a_{ip_i}$与$a_{jp_j}$，该项变成

$$(-1)^t a_{1p_1}\cdots a_{jp_j}\cdots a_{ip_i}\cdots a_{np_n},$$

这时，这一项的值不变，而行标排列与列标排列同时做了一次相应的对换．设新的行标排列$1\cdots j\cdots i\cdots n$的逆序数为$r$，则$r$为奇数；设新的列标排列$p_1\cdots p_j\cdots p_i\cdots p_n$的逆序数为$t_1$，则

$$(-1)^{t_1}=-(-1)^t,\ \text{故}\ (-1)^t=(-1)^{r+t_1},$$

于是

$$(-1)^t a_{1p_1}\cdots a_{ip_i}\cdots a_{jp_j}\cdots a_{np_n}=(-1)^{r+t_1}a_{1p_1}\cdots a_{jp_j}\cdots a_{ip_i}\cdots a_{np_n}.$$

这就表明，对换乘积项中两元素的顺序，从而行标排列与列标排列同时做了相应的对换，则行标排列与列标排列的逆序数之和并不改变奇偶性．经一次对换是如此，经多次对换还是如此．于是，经过若干次对换，使：列标排列$p_1p_2\cdots p_n$(逆序数为t)变为自然排列(逆序数为0)；行标排列则相应地从自然排列变为某个新的排列，设此新排列为$q_1q_2\cdots q_n$，其逆序数为s，则有

$$(-1)^t a_{1p_1}a_{2p_2}\cdots a_{np_n}=(-1)^s a_{q_11}a_{q_22}\cdots a_{q_nn}.$$

又如，若 $p_i=j$，则 $q_j=i$（$a_{ip_i}=a_{ij}=a_{q_jj}$），可见排列 $q_1q_2\cdots q_n$ 由排列 $p_1p_2\cdots p_n$ 唯一确定，由此可得如下定理.

定理 1.2　n 阶行列式也可定义为

$$\sum(-1)^t a_{p_11}a_{p_22}\cdots a_{p_nn},$$

其中，t 为行标排列 $p_1p_2\cdots p_n$ 的逆序数.

证明：按行列式定义有

$$D=\sum(-1)^t a_{1p_1}a_{2p_2}\cdots a_{np_n},$$

记

$$D_1=\sum(-1)^t a_{p_11}a_{p_22}\cdots a_{p_nn}.$$

根据上面讨论可知：对于 D 中的任意项 $(-1)^t a_{1p_1}a_{2p_2}\cdots a_{np_n}$，有且仅有 D_1 中的某一项 $(-1)^s a_{q_11}a_{q_22}\cdots a_{q_nn}$ 与之对应并相等；反之，对于 D_1 中的任意项 $(-1)^t a_{p_11}a_{p_22}\cdots a_{p_nn}$，也有且仅有 D 中的某一项 $(-1)^s a_{1q_1}a_{2q_2}\cdots a_{nq_n}$ 与之对应并相等，于是 D 与 D_1 中的项可以一一对应并相等，从而 $D=D_1$.

第三节　行列式的性质

记

$$D=\begin{vmatrix} a_{11} & a_{12} & \cdots & a_{1n} \\ a_{21} & a_{22} & \cdots & a_{2n} \\ \vdots & \vdots & & \vdots \\ a_{n1} & a_{n2} & \cdots & a_{nn} \end{vmatrix},\quad D^{\mathrm{T}}=\begin{vmatrix} a_{11} & a_{21} & \cdots & a_{n1} \\ a_{12} & a_{22} & \cdots & a_{n2} \\ \vdots & \vdots & & \vdots \\ a_{1n} & a_{2n} & \cdots & a_{nn} \end{vmatrix},$$

行列式 D^{T} 称为行列式 D 的转置行列式.

性质 1.1　行列式与它的转置行列式相等，即 $D=D^{\mathrm{T}}$.

证明：记 $D=\det(a_{ij})$ 的转置行列式为

$$D^{\mathrm{T}}=\begin{vmatrix} b_{11} & b_{12} & \cdots & b_{1n} \\ b_{21} & b_{22} & \cdots & b_{2n} \\ \vdots & \vdots & & \vdots \\ b_{n1} & b_{n2} & \cdots & b_{nn} \end{vmatrix},$$

即 $b_{ij}=a_{ji}(i,\ j=1,\ 2,\ \cdots,\ n)$，按定义有

$$D^{\mathrm{T}}=\sum(-1)^t b_{1p_1}b_{2p_2}\cdots b_{np_n}=\sum(-1)^t a_{p_11}a_{p_22}\cdots a_{p_nn},$$

而由定理 1.2 有

$$D=\sum(-1)^t a_{p_11}a_{p_22}\cdots a_{p_nn},$$

故

$$D^{\mathrm{T}}=D.$$

由此性质可知，行列式中的行与列具有同等地位，行列式的性质凡是对行成立的，对列也同

样成立，反之亦然.

性质 1.2　互换行列式的两行(列)，行列式变号.

证明：设行列式

$$D_1 = \begin{vmatrix} b_{11} & b_{12} & \cdots & b_{1n} \\ b_{21} & b_{22} & \cdots & b_{2n} \\ \vdots & \vdots & & \vdots \\ b_{n1} & b_{n2} & \cdots & b_{nn} \end{vmatrix}$$

是由行列式 $D = \det(a_{ij})$ 交换 i、j 两行得到的，也就是说，当 $k \neq i$、j 时，$b_{kp} = a_{kp}$；当 $k = i$、j 时，$b_{ip} = a_{jp}$，$b_{jp} = a_{ip}$. 于是

$$\begin{aligned} D_1 &= \sum (-1)^t b_{1p_1} \cdots b_{ip_i} \cdots b_{jp_j} \cdots b_{np_n} \\ &= \sum (-1)^t a_{1p_1} \cdots a_{jp_i} \cdots a_{ip_j} \cdots a_{np_n} \\ &= \sum (-1)^t a_{1p_1} \cdots a_{ip_j} \cdots a_{jp_i} \cdots a_{np_n}. \end{aligned}$$

其中 $1 \cdots i \cdots j \cdots n$ 为自然排列，t 为排列 $p_1 \cdots p_j \cdots p_i \cdots p_n$ 的逆序数.

设排列 $p_1 \cdots p_i \cdots p_j \cdots p_n$ 的逆序数为 t_1，则 $(-1)^t = -(-1)^{t_1}$，故

$$D_1 = -\sum (-1)^t b_{1p_1} \cdots b_{ip_j} \cdots b_{jp_i} \cdots b_{np_n} = -D.$$

以 r_i 表示行列式的第 i 行，以 c_i 表示行列式的第 i 列. 交换 i、j 两行记为 $r_i \leftrightarrow r_j$，交换 i、j 两列记为 $c_i \leftrightarrow c_j$.

推论 1.2　若行列式有两行(列)完全相同，则此行列式等于 0.

证明：把这两行互换，有 $D = -D$，故 $D = 0$.

性质 1.3　行列式的某一行(列)中所有的元素都乘以同一个数 k，等于用数 k 乘此行列式.

第 i 行(或列)乘以 k，记为 $r_i \times k$ (或 $c_i \times k$).

推论 1.3　行列式中某一行(列)的所有元素的公因子可以提到行列式符号的外面.

第 i 行(或列)提出公因子 k，记为 $r_i \div k$ (或 $c_i \div k$).

性质 1.4　若行列式中有两行(列)元素成比例，则此行列式等于 0.

性质 1.5　若行列式的某一列(行)的元素都是两数之和，如第 i 列的元素都是两数之和

$$D = \begin{vmatrix} a_{11} & a_{12} & \cdots & (a_{1i} + a'_{1i}) & \cdots & a_{1n} \\ a_{21} & a_{22} & \cdots & (a_{2i} + a'_{2i}) & \cdots & a_{2n} \\ \vdots & \vdots & & \vdots & & \vdots \\ a_{n1} & a_{n2} & \cdots & (a_{ni} + a'_{ni}) & \cdots & a_{nn} \end{vmatrix},$$

则 D 等于下列两个行列式之和

$$D = \begin{vmatrix} a_{11} & a_{12} & \cdots & a_{1i} & \cdots & a_{1n} \\ a_{21} & a_{22} & \cdots & a_{2i} & \cdots & a_{2n} \\ \vdots & \vdots & & \vdots & & \vdots \\ a_{n1} & a_{n2} & \cdots & a_{ni} & \cdots & a_{nn} \end{vmatrix} + \begin{vmatrix} a_{11} & a_{12} & \cdots & a'_{1i} & \cdots & a_{1n} \\ a_{21} & a_{22} & \cdots & a'_{2i} & \cdots & a_{2n} \\ \vdots & \vdots & & \vdots & & \vdots \\ a_{n1} & a_{n2} & \cdots & a'_{ni} & \cdots & a_{nn} \end{vmatrix}.$$

性质 1.6　把行列式的某一列(行)的各元素乘以同一个数，然后加到另一列(行)对应的元素上，行列式的值不变.

例如，以数 k 乘以第 j 列并加到第 i 列上(记作 $c_i + kc_j$)，有

$$\begin{vmatrix} a_{11} & \cdots & a_{1i} & \cdots & a_{1j} & \cdots & a_{1n} \\ a_{21} & \cdots & a_{2i} & \cdots & a_{2j} & \cdots & a_{2n} \\ \vdots & & \vdots & & \vdots & & \vdots \\ a_{n1} & \cdots & a_{ni} & \cdots & a_{nj} & \cdots & a_{nn} \end{vmatrix} \xlongequal{c_i + kc_j} \begin{vmatrix} a_{11} & \cdots & (a_{1i} + ka_{1j}) & \cdots & a_{1j} & \cdots & a_{1n} \\ a_{21} & \cdots & (a_{2i} + ka_{2j}) & \cdots & a_{2j} & \cdots & a_{2n} \\ \vdots & & \vdots & & \vdots & & \vdots \\ a_{n1} & \cdots & (a_{ni} + ka_{nj}) & \cdots & a_{nj} & \cdots & a_{nn} \end{vmatrix}.$$

$$(i \neq j)$$

以数 k 乘以第 j 行并加到第 i 行上，记作 $r_i + kr_j$.

以上各性质请读者自行证明.

性质 1.5 表明，当某一行(或列)的元素为两数之和时，此行列式关于该行(或列)可分解为两个行列式．若 n 阶行列式中的每个元素都表示成两数之和，则它可分解成 2^n 个行列式．例如，二阶行列式

$$\begin{vmatrix} a+x & b+y \\ c+z & d+w \end{vmatrix} = \begin{vmatrix} a & b+y \\ c & d+w \end{vmatrix} + \begin{vmatrix} x & b+y \\ z & d+w \end{vmatrix} = \begin{vmatrix} a & b \\ c & d \end{vmatrix} + \begin{vmatrix} a & y \\ c & w \end{vmatrix} + \begin{vmatrix} x & b \\ z & d \end{vmatrix} + \begin{vmatrix} x & y \\ z & w \end{vmatrix}.$$

性质 1.2、1.3、1.6 介绍了行列式关于行和列的 3 种运算，即 $r_i \leftrightarrow r_j$、$r_i \times k$、$r_i + kr_j$ 和 $c_i \leftrightarrow c_j$、$c_i \times k$、$c_i + kc_j$，利用这些运算可简化行列式的计算，特别是利用运算 $r_i + kr_j$ (或 $c_i + kc_j$) 可以把行列式中许多元素化为0. 计算行列式常用的一种方法就是利用运算 $r_i + kr_j$ 把行列式化为上(下)三角形行列式，从而计算行列式的值.

例 1.7 计算 $D = \begin{vmatrix} 3 & 1 & -1 & 2 \\ -5 & 1 & 3 & -4 \\ 2 & 0 & 1 & -1 \\ 1 & -5 & 3 & -3 \end{vmatrix}$.

解: $D \xlongequal{c_1 \leftrightarrow c_2} - \begin{vmatrix} 1 & 3 & -1 & 2 \\ 1 & -5 & 3 & -4 \\ 0 & 2 & 1 & -1 \\ -5 & 1 & 3 & -3 \end{vmatrix} \xlongequal[r_4 + 5r_1]{r_2 - r_1} - \begin{vmatrix} 1 & 3 & -1 & 2 \\ 0 & -8 & 4 & -6 \\ 0 & 2 & 1 & -1 \\ 0 & 16 & -2 & 7 \end{vmatrix}$

$$\xlongequal{r_2 \leftrightarrow r_3} \begin{vmatrix} 1 & 3 & -1 & 2 \\ 0 & 2 & 1 & -1 \\ 0 & -8 & 4 & -6 \\ 0 & 16 & -2 & 7 \end{vmatrix} \xlongequal[r_4 - 8r_2]{r_3 + 4r_2} \begin{vmatrix} 1 & 3 & -1 & 2 \\ 0 & 2 & 1 & -1 \\ 0 & 0 & 8 & -10 \\ 0 & 0 & -10 & 15 \end{vmatrix}$$

$$\xlongequal{r_4 + \frac{5}{4}r_3} \begin{vmatrix} 1 & 3 & -1 & 2 \\ 0 & 2 & 1 & -1 \\ 0 & 0 & 8 & -10 \\ 0 & 0 & 0 & \frac{5}{2} \end{vmatrix} = 40.$$

上述解法中，第 1 步用了运算 $c_1 \leftrightarrow c_2$，其目的是把 a_{11} 换成 1，从而利用运算 $r_i - a_{i1}r_1$，把 $a_{i1}(i = 2, 3, 4)$ 变为0. 若不先做 $c_1 \leftrightarrow c_2$，则由于原式中 $a_{11} = 3$，需用运算 $r_i - \frac{a_{i1}}{3}r_1$ 把 a_{i1} 变为 0，这样计算时就比较麻烦．第 2 步把 $r_2 - r_1$ 和 $r_4 + 5r_1$ 写在一起，这是两次运算，并把第 1 次运算结果的书写省略了.

通过上述运算，可以归纳出化行列式为上三角形行列式的一般方法.

(1)将第 1 行 r_1 作为工具行，选择合适的数值 k，采用 $r_i+kr_1(i=2, 3, \cdots, n)$ 将元素 a_{11} 下方的各元素化为 0.

注意 若元素 a_{11} 的数值不利于计算，则可通过交换两行(列)，或者 r_1+kr_j 等变形方式将元素 a_{11} 化为 1 或 -1，以方便变形.

(2)将第 2 行 r_2 作为工具行，选择合适的数值 k，采用 $r_i+kr_2(i=3, \cdots, n)$ 将元素 a_{22} 下方的各元素化为 0.

(3)同理，将第 j 行 r_j 作为工具行，选择合适的数值 k，采用 $r_i+kr_j(i=j+1, j+2, \cdots, n)$ 将元素 a_{jj} 下方的各元素化为 0.

(4)若变形过程中出现 $a_{jj}=0$，而其下方元素不为 0，则可交换两行.

(5)交换两行(列)后，行列式要变号.

例 1.8 计算 $D=\begin{vmatrix} 3 & 1 & 1 & 1 \\ 1 & 3 & 1 & 1 \\ 1 & 1 & 3 & 1 \\ 1 & 1 & 1 & 3 \end{vmatrix}$.

解： 这个行列式的特点是各列 4 个数之和都是 6. 把第 2、3、4 行同时加到第 1 行，提出公因子 6，然后各行均减去第 1 行

$$D=\begin{vmatrix} 3 & 1 & 1 & 1 \\ 1 & 3 & 1 & 1 \\ 1 & 1 & 3 & 1 \\ 1 & 1 & 1 & 3 \end{vmatrix} \xlongequal[r_1+r_4]{\substack{r_1+r_2\\r_1+r_3}} \begin{vmatrix} 6 & 6 & 6 & 6 \\ 1 & 3 & 1 & 1 \\ 1 & 1 & 3 & 1 \\ 1 & 1 & 1 & 3 \end{vmatrix} \xlongequal{r_1\times\frac{1}{6}} 6\begin{vmatrix} 1 & 1 & 1 & 1 \\ 1 & 3 & 1 & 1 \\ 1 & 1 & 3 & 1 \\ 1 & 1 & 1 & 3 \end{vmatrix} \xlongequal[r_4-r_1]{\substack{r_2-r_1\\r_3-r_1}} 6\begin{vmatrix} 1 & 1 & 1 & 1 \\ 0 & 2 & 0 & 0 \\ 0 & 0 & 2 & 0 \\ 0 & 0 & 0 & 2 \end{vmatrix} = 48.$$

例 1.9 计算 $D=\begin{vmatrix} a & b & c & d \\ a & a+b & a+b+c & a+b+c+d \\ a & 2a+b & 3a+2b+c & 4a+3b+2c+d \\ a & 3a+b & 6a+3b+c & 10a+6b+3c+d \end{vmatrix}$.

解： 从第 4 行开始，后行减前行

$$D \xlongequal[r_2-r_1]{\substack{r_4-r_3\\r_3-r_2}} \begin{vmatrix} a & b & c & d \\ 0 & a & a+b & a+b+c \\ 0 & a & 2a+b & 3a+2b+c \\ 0 & a & 3a+b & 6a+3b+c \end{vmatrix} \xlongequal{\substack{r_4-r_3\\r_3-r_2}} \begin{vmatrix} a & b & c & d \\ 0 & a & a+b & a+b+c \\ 0 & 0 & a & 2a+b \\ 0 & 0 & a & 3a+b \end{vmatrix}$$

$$\xlongequal{r_4-r_3} \begin{vmatrix} a & b & c & d \\ 0 & a & a+b & a+b+c \\ 0 & 0 & a & 2a+b \\ 0 & 0 & 0 & a \end{vmatrix} = a^4.$$

注意 (1)上述诸例中都用到把几个运算写在一起的省略写法，各个运算的顺序一般不能颠倒，这是由于后一次运算是作用在前一次运算结果上的. 例如

$$\begin{vmatrix} a & b \\ c & d \end{vmatrix} \xlongequal{r_1+r_2} \begin{vmatrix} a+c & b+d \\ c & d \end{vmatrix} \xlongequal{r_2-r_1} \begin{vmatrix} a+c & b+d \\ -a & -b \end{vmatrix},$$

$$\begin{vmatrix} a & b \\ c & d \end{vmatrix} \xlongequal{r_2-r_1} \begin{vmatrix} a & b \\ c-a & d-b \end{vmatrix} \xlongequal{r_1+r_2} \begin{vmatrix} c & d \\ c-a & d-b \end{vmatrix}.$$

可以看到，当顺序不同时两次运算所得结果也不同，如果忽视后一次运算是作用在前一次运算的结果上就会出错．例如

$$\begin{vmatrix} a & b \\ c & d \end{vmatrix} \xlongequal[r_2 - r_1]{r_1 + r_2} \begin{vmatrix} a+c & b+d \\ c-a & d-b \end{vmatrix}.$$

这样给出的运算结果是错误的，出错的原因在于第 2 次运算找错了对象.

(2)运算 $r_i + r_j$ 与 $r_j + r_i$ 有所区别，记号 $r_i + kr_j$ 不能写作 $kr_j + r_i$（这里不能套用加法的交换律）.

(3)上述诸例都是利用运算 $r_i + kr_j$ 把行列式化为上三角形行列式．用归纳法不难证明(证明从略)，任何 n 阶行列式总能利用运算 $r_i + kr_j$ 化为上三角形行列式，或者化为下三角形行列式(这时需要先把 a_{1n}，⋯，$a_{n-1,n}$ 化为0)．类似地，利用列运算 $c_i + kc_j$，也可把行列式化为上三角形行列式或下三角形行列式.

例 1.10 设

$$D = \begin{vmatrix} a_{11} & \cdots & a_{1k} & & & \\ \vdots & & \vdots & & 0 & \\ a_{k1} & \cdots & a_{kk} & & & \\ c_{11} & \cdots & c_{1k} & b_{11} & \cdots & b_{1n} \\ \vdots & & \vdots & \vdots & & \vdots \\ c_{n1} & \cdots & c_{nk} & b_{n1} & \cdots & b_{nn} \end{vmatrix},$$

$$D_1 = \det(a_{ij}) = \begin{vmatrix} a_{11} & \cdots & a_{1k} \\ \vdots & & \vdots \\ a_{k1} & \cdots & a_{kk} \end{vmatrix}, \quad D_2 = \det(b_{ij}) = \begin{vmatrix} b_{11} & \cdots & b_{1n} \\ \vdots & & \vdots \\ b_{n1} & \cdots & b_{nn} \end{vmatrix},$$

证明 $D = D_1 D_2$.

证明：对 D_1 做运算 $r_i + kr_j$，把 D_1 化为下三角形行列式，设为

$$D_1 = \begin{vmatrix} p_{11} & & 0 \\ \vdots & \ddots & \\ p_{k1} & \cdots & p_{kk} \end{vmatrix} = p_{11} \cdots p_{kk};$$

对 D_2 做运算 $c_i + kc_j$，把 D_2 化为下三角形行列式，设为

$$D_2 = \begin{vmatrix} q_{11} & & 0 \\ \vdots & \ddots & \\ q_{n1} & \cdots & q_{nn} \end{vmatrix} = q_{11} \cdots q_{nn}.$$

于是，对 D 的前 k 行做运算 $r_i + kr_j$，再对其后 n 列做运算 $c_i + kc_j$，把 D 化为下三角形行列式

$$D = \begin{vmatrix} p_{11} & & & & & \\ \vdots & \ddots & & & 0 & \\ p_{k1} & \cdots & p_{kk} & & & \\ c_{11} & \cdots & c_{1k} & q_{11} & & \\ \vdots & & \vdots & \vdots & \ddots & \\ c_{n1} & \cdots & c_{nk} & q_{n1} & \cdots & q_{nn} \end{vmatrix},$$

故

$$D = p_{11}\cdots p_{kk}\cdot q_{11}\cdots q_{nn} = D_1D_2.$$

第四节 行列式按行(列)展开

一般来说，低阶行列式的计算比高阶行列式的计算更简便，于是，人们自然地考虑用低阶行列式来表示高阶行列式的问题．为此，先引进余子式和代数余子式的概念.

在 n 阶行列式中，把元素所在的第 i 行和第 j 列划去后，留下来的元素按照原先的位置排列成的 $n-1$ 阶行列式称为元素 a_{ij} 的**余子式**，记作 M_{ij}.

记

$$A_{ij} = (-1)^{i+j}M_{ij},$$

A_{ij} 称为元素 a_{ij} 的**代数余子式**.

例如，四阶行列式

$$D = \begin{vmatrix} a_{11} & a_{12} & a_{13} & a_{14} \\ a_{21} & a_{22} & a_{23} & a_{24} \\ a_{31} & a_{32} & a_{33} & a_{34} \\ a_{41} & a_{42} & a_{43} & a_{44} \end{vmatrix}$$

中元素 a_{32} 的余子式和代数余子式分别为

$$M_{32} = \begin{vmatrix} a_{11} & a_{13} & a_{14} \\ a_{21} & a_{23} & a_{24} \\ a_{41} & a_{43} & a_{44} \end{vmatrix},$$

$$A_{32} = (-1)^{3+2}M_{32} = -M_{32}.$$

引理 1.1 一个 n 阶行列式，如果其中第 i 行所有元素除 a_{ij} 外都为 0，那么这个行列式等于 a_{ij} 与它的代数余子式的乘积，即

$$D = a_{ij}A_{ij}.$$

证明：先证 a_{ij} 位于第 1 行第 1 列的情形，此时

$$D = \begin{vmatrix} a_{11} & 0 & \cdots & 0 \\ a_{21} & a_{22} & \cdots & a_{2n} \\ \vdots & \vdots & & \vdots \\ a_{n1} & a_{n2} & \cdots & a_{nn} \end{vmatrix}$$

这是例 1.10 中当 $k=1$ 时的特殊情形，按例 1.10 的结论，即有

$$D = a_{11}M_{11},$$

又

$$A_{11} = (-1)^{1+1}M_{11} = M_{11},$$

从而

$$D = a_{11}A_{11}.$$

再证一般情形，此时

$$D=\begin{vmatrix} a_{11} & \cdots & a_{1j} & \cdots & a_{1n} \\ \vdots & & \vdots & & \vdots \\ 0 & \cdots & a_{ij} & \cdots & 0 \\ \vdots & & \vdots & & \vdots \\ a_{n1} & \cdots & a_{nj} & \cdots & a_{nn} \end{vmatrix},$$

为了利用前面的结果，把 D 的行列做如下调换：把 D 的第 i 行依次与第 $i-1$ 行、第 $i-2$ 行……第 1 行对调，这样 a_{ij} 就调到原来 a_{1j} 的位置上，调换的次数为 $i-1$. 再把第 j 列依次与第 $j-1$ 列、第 $j-2$ 列……第 1 列对调，这样 a_{ij} 就调到左上角，调换的次数为 $j-1$. 总之，经 $i+j-2$ 次调换，把 a_{ij} 调到左上角，所得的行列式 $D_1=(-1)^{i+j-2}D=(-1)^{i+j}D$，而元素 a_{ij} 在 D_1 中的余子式仍然是 a_{ij} 在 D 中的余子式 M_{ij}.

由于 a_{ij} 位于 D_1 的左上角，利用前面的结果，有

$$D_1=a_{ij}M_{ij},$$

于是

$$D=(-1)^{i+j}D_1=(-1)^{i+j}a_{ij}M_{ij}=a_{ij}A_{ij}.$$

定理 1.3 行列式等于它的任意行(列)的各元素与其对应的代数余子式乘积之和，即

$$D=a_{i1}A_{i1}+a_{i2}A_{i2}+\cdots+a_{in}A_{in}\quad (i=1,\ 2,\ \cdots,\ n),$$

或

$$D=a_{1j}A_{1j}+a_{2j}A_{2j}+\cdots+a_{nj}A_{nj}\quad (j=1,\ 2,\ \cdots,\ n).$$

证明：

$$D=\begin{vmatrix} a_{11} & a_{12} & \cdots & a_{1n} \\ \vdots & \vdots & & \vdots \\ a_{i1}+0+\cdots+0 & 0+a_{i2}+\cdots+0 & \cdots & 0+\cdots+0+a_{in} \\ \vdots & \vdots & & \vdots \\ a_{n1} & a_{n2} & \cdots & a_{nn} \end{vmatrix}$$

$$=\begin{vmatrix} a_{11} & a_{12} & \cdots & a_{1n} \\ \vdots & \vdots & & \vdots \\ a_{i1} & 0 & \cdots & 0 \\ \vdots & \vdots & & \vdots \\ a_{n1} & a_{n2} & \cdots & a_{nn} \end{vmatrix}+\begin{vmatrix} a_{11} & a_{12} & \cdots & a_{1n} \\ \vdots & \vdots & & \vdots \\ 0 & a_{i2} & \cdots & 0 \\ \vdots & \vdots & & \vdots \\ a_{n1} & a_{n2} & \cdots & a_{nn} \end{vmatrix}+\cdots+\begin{vmatrix} a_{11} & a_{12} & \cdots & a_{1n} \\ \vdots & \vdots & & \vdots \\ 0 & 0 & \cdots & a_{in} \\ \vdots & \vdots & & \vdots \\ a_{n1} & a_{n2} & \cdots & a_{nn} \end{vmatrix}.$$

根据引理 1.1，即得

$$D=a_{i1}A_{i1}+a_{i2}A_{i2}+\cdots+a_{in}A_{in}\quad (i=1,\ 2,\ \cdots,\ n).$$

类似地，若按列证明，则可得

$$D=a_{1j}A_{1j}+a_{2j}A_{2j}+\cdots+a_{nj}A_{nj}\quad (j=1,\ 2,\ \cdots,\ n).$$

定理 1.3 称为**行列式按行(列)展开法则**.

利用这一法则并结合行列式的性质，可以简化行列式的计算.

下面结合此法则和行列式的性质来计算例 1.7，即

$$D=\begin{vmatrix} 3 & 1 & -1 & 2 \\ -5 & 1 & 3 & -4 \\ 2 & 0 & 1 & -1 \\ 1 & -5 & 3 & -3 \end{vmatrix}.$$

保留 a_{33}，把第 3 行其余元素变为 0，然后按第 3 行展开

$$D\xlongequal[c_4+c_3]{c_1-2c_3}\begin{vmatrix}5&1&-1&1\\-11&1&3&-1\\0&0&1&0\\-5&-5&3&0\end{vmatrix}=(-1)^{3+3}\begin{vmatrix}5&1&1\\-11&1&-1\\-5&-5&0\end{vmatrix}\xlongequal{r_2+r_1}\begin{vmatrix}5&1&1\\-6&2&0\\-5&-5&0\end{vmatrix}$$

$$=(-1)^{1+3}\begin{vmatrix}-6&2\\-5&-5\end{vmatrix}\xlongequal{c_1-c_2}\begin{vmatrix}-8&2\\0&-5\end{vmatrix}=40.$$

例 1.11 计算 $D_{2n}=\left|\underbrace{\begin{matrix}a&0&0&\cdots&\cdots&0&0&b\\0&a&0&\cdots&\cdots&0&b&0\\\vdots&&\ddots&&&\iddots&&\vdots\\\vdots&&&a&b&&&\vdots\\\vdots&&&c&d&&&\vdots\\\vdots&&\iddots&&&\ddots&&\vdots\\0&c&0&\cdots&\cdots&0&d&\vdots\\c&0&\cdots&\cdots&\cdots&\cdots&0&d\end{matrix}}_{2n}\right|$.

解：按第 1 行展开，有

$$D_{2n}=a\left|\begin{matrix}a&0&0&\cdots&\cdots&\cdots&0&b&0\\&a&&&&&b&&0\\&&\ddots&&&\iddots&&&\vdots\\&&&a&b&&&&\vdots\\&&&c&d&&&&\vdots\\&&\iddots&&&\ddots&&&\vdots\\&c&&&&&d&&\vdots\\c&&&&&&&d&0\\\underbrace{0\quad\cdots\quad\cdots\quad\cdots\quad\cdots\quad\cdots\quad\cdots\quad 0}_{2(n-1)}&&&&&&&&d\end{matrix}\right|+$$

$$b(-1)^{1+2n}\left|\underbrace{\begin{matrix}0&a&0&\cdots&\cdots&\cdots&\cdots&0&b\\0&0&a&&&&&\iddots&0\\\vdots&&&\ddots&&&b&&\vdots\\\vdots&&&&a&b&&&\vdots\\\vdots&&&&c&d&&&\vdots\\\vdots&&&&&&\ddots&&\vdots\\\vdots&0&&&&&&d&0\\0&c&&&&&&&d\\c&0&\cdots&\cdots&\cdots&\cdots&\cdots&0&0\end{matrix}}_{2(n-1)}\right|$$

$$=adD_{2(n-1)}-bc(-1)^{2n-1+1}D_{2(n-1)}$$

$$=(ad-bc)D_{2(n-1)}.$$

以此作为递推公式，即可得

$$D_{2n}=(ad-bc)D_{2(n-1)}=(ad-bc)^2D_{2(n-2)}=\cdots$$
$$=(ad-bc)^{n-1}D_2=(ad-bc)^{n-1}\begin{vmatrix} a & b \\ c & d \end{vmatrix}=(ad-bc)^n.$$

例 1.12 证明范德蒙德(Vandermonde)行列式

$$D_n=\begin{vmatrix} 1 & 1 & \cdots & 1 \\ x_1 & x_2 & \cdots & x_n \\ x_1^2 & x_2^2 & \cdots & x_n^2 \\ \vdots & \vdots & & \vdots \\ x_1^{n-1} & x_2^{n-1} & \cdots & x_n^{n-1} \end{vmatrix}=\prod_{1\leqslant j<i\leqslant n}(x_i-x_j). \tag{1.7}$$

证明：可以用数学归纳法，因为

$$D_2=\begin{vmatrix} 1 & 1 \\ x_1 & x_2 \end{vmatrix}=x_2-x_1=\prod_{1\leqslant j<i\leqslant 2}(x_i-x_j),$$

所以当 $n=2$ 时式(1.7)成立. 现在假设式(1.7)对于 $n-1$ 阶范德蒙德行列式成立，要证式(1.7)对 n 阶范德蒙德行列式也成立.

为此，设法把 D_n 降阶：从第 n 行开始，后行减去前行的 x_1 倍，有

$$D_n=\begin{vmatrix} 1 & 1 & 1 & \cdots & 1 \\ 0 & x_2-x_1 & x_3-x_1 & \cdots & x_n-x_1 \\ 0 & x_2(x_2-x_1) & x_3(x_3-x_1) & \cdots & x_n(x_n-x_1) \\ \vdots & \vdots & \vdots & & \vdots \\ 0 & x_2^{n-2}(x_2-x_1) & x_3^{n-2}(x_3-x_1) & \cdots & x_n^{n-2}(x_n-x_1) \end{vmatrix},$$

按第 1 列展开，并把每列的公因子(x_i-x_1)提出，就有

$$D_n=(x_2-x_1)(x_3-x_1)\cdots(x_n-x_1)\begin{vmatrix} 1 & 1 & \cdots & 1 \\ x_2 & x_3 & \cdots & x_n \\ \vdots & \vdots & & \vdots \\ x_2^{n-2} & x_3^{n-2} & \cdots & x_n^{n-2} \end{vmatrix}.$$

上式右端的行列式是 $n-1$ 阶范德蒙德行列式，按数字归纳法假设，它等于所有(x_i-x_j)因子的乘积. 其中，$2\leqslant j<i\leqslant n$. 故

$$D_n=(x_2-x_1)(x_3-x_1)\cdots(x_n-x_1)\prod_{2\leqslant j<i\leqslant n}(x_i-x_j)=\prod_{1\leqslant j<i\leqslant n}(x_i-x_j).$$

例 1.11 和例 1.12 都是计算 n 阶行列式. 计算 n 阶行列式常要使用数学归纳法，不过在比较简单的情形(如例 1.11)时，可省略数学归纳法的叙述格式，但数学归纳法的主要步骤是不可省略的. 数学归纳法的主要步骤是：导出递推公式[例 1.11 中导出 $D_{2n}=(ad-bc)D_{2(n-1)}$]及检验 $n=1$ 时结论成立(例 1.11 中最后用到 $\begin{vmatrix} a & b \\ c & d \end{vmatrix}=ad-bc$).

由定理 1.3，还可得下述重要推论.

推论 1.4 行列式某一行(列)的元素与另一行(列)的对应元素的代数余子式乘积之和等于 0，即

$$a_{i1}A_{j1}+a_{i2}A_{j2}+\cdots+a_{in}A_{jn}=0\quad(i\neq j),$$

或

$$a_{1i}A_{1j}+a_{2i}A_{2j}+\cdots+a_{ni}A_{nj}=0\quad(i\neq j).$$

证明：把行列式 $D=\det(a_{ij})$ 按第 j 行展开，有

$$a_{j1}A_{j1}+a_{j2}A_{j2}+\cdots+a_{jn}A_{jn}=\begin{vmatrix}a_{11}&\cdots&a_{1n}\\ \vdots&&\vdots\\ a_{i1}&\cdots&a_{in}\\ \vdots&&\vdots\\ a_{j1}&\cdots&a_{jn}\\ \vdots&&\vdots\\ a_{n1}&\cdots&a_{nn}\end{vmatrix},$$

在上式中把 a_{jk} 换成 $a_{ik}(k=1,\cdots,n)$，可得

$$a_{i1}A_{j1}+a_{i2}A_{j2}+\cdots+a_{in}A_{jn}=\begin{vmatrix}a_{11}&\cdots&a_{1n}\\ \vdots&&\vdots\\ a_{i1}&\cdots&a_{in}\\ \vdots&&\vdots\\ a_{i1}&\cdots&a_{in}\\ \vdots&&\vdots\\ a_{n1}&\cdots&a_{nn}\end{vmatrix}\begin{matrix}\\ \\ \leftarrow\text{第 } i \text{ 行}\\ \\ \leftarrow\text{第 } j \text{ 行}\\ \\ \\ \end{matrix}.$$

当 $i\neq j$ 时，上式右端行列式中有两行对应元素相同，故行列式等于0，即得

$$a_{i1}A_{j1}+a_{i2}A_{j2}+\cdots+a_{in}A_{jn}=0\quad(i\neq j).$$

上述证法若按列进行，则可得

$$a_{1i}A_{1j}+a_{2i}A_{2j}+\cdots+a_{ni}A_{nj}=0\quad(i\neq j).$$

综合定理1.3及其推论，可得有关代数余子式的重要性质

$$\sum_{k=1}^{n}a_{ki}A_{kj}=D\delta_{ij}=\begin{cases}D, & i=j,\\ 0, & i\neq j;\end{cases}$$

或

$$\sum_{k=1}^{n}a_{ik}A_{jk}=D\delta_{ij}=\begin{cases}D, & i=j,\\ 0, & i\neq j;\end{cases}$$

其中

$$\delta_{ij}=\begin{cases}1, & i=j,\\ 0, & i\neq j.\end{cases}$$

例1.13 已知三阶行列式 $D=\begin{vmatrix}1&-1&2\\2&3&-1\\0&1&2\end{vmatrix}$，试求 $A_{11}+A_{12}+A_{13}$.

解：将 $A_{11}+A_{12}+A_{13}$ 转化成一个新的行列式

$$A_{11}+A_{12}+A_{13}=\begin{vmatrix}1&1&1\\2&3&-1\\0&1&2\end{vmatrix}\xlongequal{r_2-2r_1}\begin{vmatrix}1&1&1\\0&1&-3\\0&1&2\end{vmatrix}\xlongequal{r_3-r_2}\begin{vmatrix}1&1&1\\0&1&-3\\0&0&5\end{vmatrix}=5.$$

第五节 克拉默法则

含有 n 个未知数 x_1，x_2，…，x_n 的 n 个线性方程的方程组为

$$\begin{cases} a_{11}x_1 + a_{12}x_2 + \cdots + a_{1n}x_n = b_1 \\ a_{21}x_1 + a_{22}x_2 + \cdots + a_{2n}x_n = b_2 \\ \qquad \vdots \\ a_{n1}x_1 + a_{n2}x_2 + \cdots + a_{nn}x_n = b_n \end{cases}. \tag{1.8}$$

与二、三元线性方程组类似，它的解可以用 n 阶行列式表示，即有以下克拉默法则.

克拉默法则 如果线性方程组（1.8）的系数行列式不等于 0，即

$$D = \begin{vmatrix} a_{11} & \cdots & a_{1n} \\ \vdots & & \vdots \\ a_{n1} & \cdots & a_{nn} \end{vmatrix} \neq 0,$$

那么线性方程组（1.8）有唯一解

$$x_1 = \frac{D_1}{D},\ x_2 = \frac{D_2}{D},\ \cdots,\ x_n = \frac{D_n}{D}. \tag{1.9}$$

其中，D_j（$j = 1, 2, \cdots, n$）是把系数行列式 D 中第 j 列元素用方程组右端的常数项替代后所得到的 n 阶行列式，即

$$D_j = \begin{vmatrix} a_{11} & \cdots & a_{1,j-1} & b_1 & a_{1,j+1} & \cdots & a_{1n} \\ \vdots & & \vdots & \vdots & \vdots & & \vdots \\ a_{n1} & \cdots & a_{n,j-1} & b_n & a_{n,j+1} & \cdots & a_{nn} \end{vmatrix}.$$

证明：用 D 中第 j 列元素的代数余子式 A_{1j}，A_{2j}，…，A_{nj} 依次乘以线性方程组（1.8）的 n 个方程，再把它们相加，得

$$\left(\sum_{k=1}^{n} a_{k1}A_{kj}\right)x_1 + \cdots + \left(\sum_{k=1}^{n} a_{kj}A_{kj}\right)x_j + \cdots + \left(\sum_{k=1}^{n} a_{kn}A_{kj}\right)x_n = \sum_{k=1}^{n} b_kA_{kj}.$$

根据代数余子式的重要性质可知，上式中 x_j 的系数等于 D，而其余 $x_i(i \neq j)$ 的系数均为 0，又等式右端即是 D_j，于是

$$Dx_j = D_j \quad (j = 1, 2, \cdots, n). \tag{1.10}$$

当 $D \neq 0$ 时，方程组（1.10）有唯一解（1.9）.

由于方程组(1.10)是由线性方程组(1.8)经乘法与相加两种运算得到的，故线性方程组(1.8)的解一定是方程组(1.10)的解．今方程组(1.10)仅有唯一解(1.9)，故线性方程组(1.8)如果有解，那么就只可能是解(1.9).

为证解(1.9)是线性方程组(1.8)的唯一解，还需验证解(1.9)的确是线性方程组(1.8)的解，也就是要证明

$$a_{i1}\frac{D_1}{D} + a_{i2}\frac{D_2}{D} + \cdots + a_{in}\frac{D_n}{D} = b_i \quad (i = 1, 2, \cdots, n).$$

为此，考虑有两行相同 $n+1$ 阶行列式

$$\begin{vmatrix} b_i & a_{i1} & \cdots & a_{in} \\ b_1 & a_{11} & \cdots & a_{1n} \\ \vdots & \vdots & & \vdots \\ b_n & a_{n1} & \cdots & a_{nn} \end{vmatrix} (i = 1, 2, \cdots, n),$$

它的值为0. 把它按第1行展开，因为第1行中 a_{ij} 的代数余子式为

$$(-1)^{1+j+1}\begin{vmatrix} b_1 & a_{11} & \cdots & a_{1,j-1} & a_{1,j+1} & \cdots & a_{1n} \\ \vdots & \vdots & & \vdots & \vdots & & \vdots \\ b_n & a_{n1} & \cdots & a_{n,j-1} & a_{n,j+1} & \cdots & a_{nn} \end{vmatrix} = (-1)^{j+2}(-1)^{j-1}D_j = -D_j$$

所以有

$$0 = b_i D - a_{i1}D_1 - \cdots - a_{in}D_n,$$

即

$$a_{i1}\frac{D_1}{D} + a_{i2}\frac{D_2}{D} + \cdots + a_{in}\frac{D_n}{D} = b_i \quad (i = 1, 2, \cdots, n).$$

例 1.14 解线性方程组 $\begin{cases} 2x_1 + x_2 - 5x_3 + x_4 = 8 \\ x_1 - 3x_2 - 6x_4 = 9 \\ 2x_2 - x_3 + 2x_4 = -5 \\ x_1 + 4x_2 - 7x_3 + 6x_4 = 0 \end{cases}$.

解: $D = \begin{vmatrix} 2 & 1 & -5 & 1 \\ 1 & -3 & 0 & -6 \\ 0 & 2 & -1 & 2 \\ 1 & 4 & -7 & 6 \end{vmatrix} \xlongequal[r_4 - r_2]{r_1 - 2r_2} \begin{vmatrix} 0 & 7 & -5 & 13 \\ 1 & -3 & 0 & -6 \\ 0 & 2 & -1 & 2 \\ 0 & 7 & -7 & 12 \end{vmatrix} = -\begin{vmatrix} 7 & -5 & 13 \\ 2 & -1 & 2 \\ 7 & -7 & 12 \end{vmatrix}$

$$\xlongequal[c_3 + 2c_2]{c_1 + 2c_2} -\begin{vmatrix} -3 & -5 & 3 \\ 0 & -1 & 0 \\ -7 & -7 & -2 \end{vmatrix} = \begin{vmatrix} -3 & 3 \\ -7 & -2 \end{vmatrix} = 27;$$

$$D_1 = \begin{vmatrix} 8 & 1 & -5 & 1 \\ 9 & -3 & 0 & -6 \\ -5 & 2 & -1 & 2 \\ 0 & 4 & -7 & 6 \end{vmatrix} = 81; \quad D_2 = \begin{vmatrix} 2 & 8 & -5 & 1 \\ 1 & 9 & 0 & -6 \\ 0 & -5 & -1 & 2 \\ 1 & 0 & -7 & 6 \end{vmatrix} = -108;$$

$$D_3 = \begin{vmatrix} 2 & 1 & 8 & 1 \\ 1 & -3 & 9 & -6 \\ 0 & 2 & -5 & 2 \\ 1 & 4 & 0 & 6 \end{vmatrix} = -27; \quad D_4 = \begin{vmatrix} 2 & 1 & -5 & 8 \\ 1 & -3 & 0 & 9 \\ 0 & 2 & -1 & -5 \\ 1 & 4 & -7 & 0 \end{vmatrix} = 27.$$

于是得

$$\begin{cases} x_1 = 3 \\ x_2 = -4 \\ x_3 = -1 \\ x_4 = 1 \end{cases}.$$

克拉默法则有重大的理论价值，撇开求解式(1.9)，克拉默法则可叙述为下面的重要

定理.

定理 1.4 若线性方程组 (1.8) 的系数行列式 $D \neq 0$，则该方程组一定有解，且解是唯一的.

定理 1.4 的逆否定理为：若线性方程组 (1.8) 无解或有两个不同的解，则它的系数行列式必为 0.

当线性方程组 (1.8) 右端的常数项 b_1，b_2，…，b_n 不全为 0 时，线性方程组 (1.8) 称为**非齐次线性方程组**；当 b_1，b_2，…，b_n 全为 0 时，线性方程组 (1.8) 称为**齐次线性方程组**.

对于齐次线性方程组

$$\begin{cases} a_{11}x_1 + a_{12}x_2 + \cdots + a_{1n}x_n = 0 \\ a_{21}x_1 + a_{22}x_2 + \cdots + a_{2n}x_n = 0 \\ \qquad \vdots \\ a_{n1}x_1 + a_{n2}x_2 + \cdots + a_{nn}x_n = 0 \end{cases}, \tag{1.11}$$

$x_1 = x_2 = \cdots = x_n = 0$ 一定是它的解，这个解称为齐次线性方程组 (1.11) 的零解．若一组不全为 0 的数是齐次线性方程组(1.11)的解，则它称为齐次线性方程组 (1.11) 的非零解．齐次线性方程组 (1.11) 一定有零解，但不一定有非零解.

把定理 1.4 应用于齐次线性方程组 (1.11)，可得如下定理.

定理 1.5 若齐次线性方程组 (1.11) 的系数行列式 $D \neq 0$，则齐次线性方程组 (1.11) 没有非零解.

定理 1.5 的等价表示为：若齐次线性方程组 (1.11) 有非零解，则它的系数行列式必为 0.

定理 1.5 说明，系数行列式 $D = 0$ 是齐次线性方程组 (1.11) 有非零解的必要条件.

例 1.15 λ 取何值时，齐次线性方程组

$$\begin{cases} (5-\lambda)x + 2y + 2z = 0 \\ 2x + (6-\lambda)y = 0 \\ 2x + (4-\lambda)z = 0 \end{cases} \tag{1.12}$$

有非零解？

解：由定理 1.5 的等价表示可知，若齐次线性方程组(1.12)有非零解，则齐次线性方程组(1.12)的系数行列式 $D = 0$. 而

$$D = \begin{vmatrix} 5-\lambda & 2 & 2 \\ 2 & 6-\lambda & 0 \\ 2 & 0 & 4-\lambda \end{vmatrix} = (5-\lambda)(6-\lambda)(4-\lambda) - 4(4-\lambda) - 4(6-\lambda)$$

$$= (5-\lambda)(2-\lambda)(8-\lambda),$$

由 $D = 0$，得 $\lambda = 2$，$\lambda = 5$ 或 $\lambda = 8$.

不难验证，当 $\lambda = 2$、5、8 时，齐次线性方程组 (1.12) 的确有非零解.

本章小结

从本质上来说，行列式也是一个函数，它的函数值由其中那些由数字按照一定方式排成的方形数表决定，当方形数表确定时，函数值就是唯一确定的.

行列式的定义、性质和按行(列)展开定理是进行行列式计算的基础. 利用行列式的性

质，可以将行列式进行简化，再结合按行(列)展开定理，就可以利用低阶行列式来求解高阶行列式．对于特殊行列式，其计算方法有着特定的规律，在进行计算时，应注意分析其特征和结构．克拉默法则是求解线性方程组的一种方法，但由于其计算过程中用到了多个行列式的值，故在手动计算线性方程组的解时，基本只能求四元及四元以下线性方程组的解．在之后的章节中，将借助克拉默法则判断线性方程组解的情况．

本章的重点是三阶、四阶行列式及特殊行列式的计算，对于 n 阶行列式，只需了解其定义即可．对行列式各条性质的证明只需要了解其基本思路，要注重学会利用行列式的各个性质及按行(列)展开定理等基本方法来简化行列式的计算，并掌握利用行交换、某行乘以常数、某行加上另外一行的 k 倍这 3 类运算来求解行列式的方法，并根据行列式的具体表达选取较为简便的变形方法．对于高阶行列式，需关注特殊行列式的计算方法．

课程思政

在学习行列式的过程中，思政元素体现在以下几个方面．

数学文化与民族自豪感．通过了解行列式的发展史，如中国学者在行列式研究方面做出的重要贡献和范德蒙德行列式等，可以培养民族自豪感和文化自信．

科学思维与严谨态度．计算行列式时，要求精确和细致，需要尊重事实，不能随意更改或捏造数据．同时，需要认真核对每个步骤，确保计算的准确性，这可以培养科学的思维和严谨的态度．

探索与创新精神．通过学习行列式的不同求法，如代数余子式、递推关系式等，可以培养探索和创新精神．同时，通过了解一些数学家，如高斯等人在行列式研究方面的创新和探索精神，可以激发创新意识．

应用与实践能力．行列式在许多领域都有应用，如计算机科学、工程学、经济学等。通过学习行列式的应用，可以培养实践能力和应用意识，提高将数学知识应用于实际问题的能力．

理想信念与责任感．通过认识行列式在科学研究和实际应用中的重要性，可以培养理想信念和责任感．读者应该意识到数学知识对于社会进步和发展的重要性，为推动人类进步做出自己的贡献．

总之，将思政元素融入行列式的学习，可以更好地理解数学知识，提高综合素质和科学精神．

习题一

1. 计算下列二阶行列式．

(1) $D_1 = \begin{vmatrix} 6 & -11 \\ -5 & 3 \end{vmatrix}$；　　(2) $D_2 = \begin{vmatrix} a & b \\ b^2 & a^2 \end{vmatrix}$．

2. 分别用行列式的性质和对角线法则计算下列三阶行列式．

(1) $D_1 = \begin{vmatrix} 1 & 1 & 1 \\ 3 & 1 & 4 \\ 8 & 9 & 5 \end{vmatrix}$；　　(2) $D_2 = \begin{vmatrix} 1 & 1 & 1 \\ a & b & c \\ a^2 & b^2 & c^2 \end{vmatrix}$．

3. 求下列排列的逆序数．

(1) 2413；　　(2) 3712456．

4. 用克拉默法则解下列方程组.

（1）$\begin{cases}2x+5y=1\\3x+7y=2\end{cases}$；　　（2）$\begin{cases}x_1+x_2-2x_3=-3\\5x_1-2x_2+7x_3=22\\2x_1-5x_2+4x_3=4\end{cases}$.

5. 计算下列行列式.

（1）$\begin{vmatrix}2&-4&1\\3&-6&3\\-5&10&4\end{vmatrix}$；　　（2）$\begin{vmatrix}1&2&3\\0&1&2\\1&1&1\end{vmatrix}$；

（3）$\begin{vmatrix}-2&2&-4&0\\4&-1&3&5\\3&1&-2&-3\\2&0&5&1\end{vmatrix}$；　　（4）$\begin{vmatrix}1&1&1&1\\-1&1&1&1\\-1&-1&1&1\\-1&-1&-1&1\end{vmatrix}$；

（5）$\begin{vmatrix}a&b&c&d\\b&a&d&c\\c&d&a&b\\d&c&b&a\end{vmatrix}$；　　（6）$\begin{vmatrix}a_1&0&0&b_1\\0&a_2&b_2&0\\0&b_3&a_3&0\\b_4&4&1&a_4\end{vmatrix}$.

6. 用克拉默法则解下列方程组.

（1）$\begin{cases}x_1+x_2+x_3+x_4=5\\x_1+2x_2-x_3+4x_4=-2\\2x_1-3x_2-x_3-5x_4=-2\\3x_1+x_2+2x_3+11x_4=0\end{cases}$；　　（2）$\begin{cases}2x_1+3x_2+11x_3+5x_4=6\\x_1+x_2+5x_3+2x_4=2\\2x_1+x_2+3x_3+4x_4=2\\x_1+x_2+3x_3+4x_4=2\end{cases}$.

7. 已知四阶行列式 D 中第 1 行的元素分别为 1、2、0、-4，第 3 行元素的余子式依次为 6、x、19、2，试求 x 的值.

8. 问 λ 为何值时，齐次方程组 $\begin{cases}(1-\lambda)x_1-2x_2+4x_3=0\\2x_1+(3-\lambda)x_2+x_3=0\\x_1+x_2+(1-\lambda)x_3=0\end{cases}$ 有非零解？

9. 设方程组 $\begin{cases}x+y+z=a+b+c\\ax+by+cz=a^2+b^2+c^2\\bcx+cay+abz=3abc\end{cases}$，试问 a、b、c 满足什么条件时，方程组有唯一解？并求出唯一解.

10. 证明奇数阶反对称行列式的值为 0.

11. 计算行列式 $D=\begin{vmatrix}a&b&c&d\\a&a+b&a+b+c&a+b+c+d\\a&2a+b&3a+2b+c&4a+3b+2c+d\\a&3a+b&6a+3b+c&10a+6b+3c+d\end{vmatrix}$.

12. 计算行列式 $D=\begin{vmatrix}5&3&-1&2&0\\1&7&2&5&2\\0&-2&3&1&0\\0&-4&-1&4&0\\0&2&3&5&0\end{vmatrix}$.

第二章 矩阵

矩阵是最基本的数学概念之一，贯穿线性代数的各个方面. 矩阵及其运算是线性代数的重要内容，许多领域中的数量关系都可以用矩阵来描述，因而它也是数学研究与应用的一个重要工具，特别是在自然科学、工程技术、经济管理等领域有着广泛的应用.

本章将从实际出发，引出矩阵的概念，然后介绍矩阵的线性运算、逆矩阵、分块矩阵等内容.

第一节 矩阵的概念

一、矩阵的定义

矩阵是数学中一个重要的内容，也是经济研究和经济工作中处理线性经济模型的重要工具.

来看下面的例子.

线性方程组

$$\begin{cases} x_1 + x_2 - 3x_3 = -1 \\ 2x_1 + 3x_2 + x_3 = 2 \\ x_1 + 6x_2 - 4x_3 = 3 \end{cases}$$

的解由未知量的系数和常数项决定，即方程组与矩形数表

$$\begin{pmatrix} 1 & 2 & -3 & -1 \\ 2 & 3 & 1 & 2 \\ 1 & 6 & -4 & 3 \end{pmatrix}$$

一一对应，故对方程组的研究可转化为对此数表的研究.

将上面数表中数据的具体含义去掉，就得到了矩阵的概念.

定义 2.1 由 $m \times n$ 个数 $a_{ij}(i=1, 2, \cdots, m; j=1, 2, \cdots, n)$ 排成的 m 行 n 列的矩形数表称为 **$m \times n$ 矩阵**，记作 $\boldsymbol{A}=(a_{ij})_{m\times n}$. 其中，$a_{ij}$ 称矩阵 $\boldsymbol{A}$ 第 i 行第 j 列的**元素**，简称为矩阵的 (i, j) 元.

一般情况下，用大写字母 $\boldsymbol{A}$、$\boldsymbol{B}$、$\boldsymbol{C}$ 表示矩阵，为了表明矩阵的行数 m 和列数 n，可用 $\boldsymbol{A}_{m\times n}$ 表示，或者记作 $(a_{ij})_{m\times n}$ 或 (a_{ij}).

特别地，当 $m=n$ 时，矩阵 $\boldsymbol{A}=(a_{ij})_{m\times n}$ 或 $\boldsymbol{A}_{n\times n}$ 称为 **n 阶方阵**，记作 $\boldsymbol{A}_n$. 方阵从左上角元

素到右下角元素这条对角线称为**主对角线**，从右上角元素到左下角元素这条对角线称为**副对角线**. 方阵在矩阵理论中占有重要地位.

注意 矩阵与行列式相比，除符号的记法和行数可以不等于列数以外，还有更本质的区别，即行列式可以展开，它的值是一个数或一个算式，行列式经过计算可求出值来，而矩阵仅是一张矩形数表，它不表示一个数或一个算式，也不能展开. 例如，二阶方阵 $\begin{pmatrix} 1 & 2 \\ 0 & 4 \end{pmatrix}$ 是矩形数表，但二阶行列式 $\begin{vmatrix} 1 & 2 \\ 0 & 4 \end{vmatrix}$ 是一个数，值为 4.

当两个矩阵的行数相等、列数也相等时，就称它们是**同型矩阵**. 若 $\boldsymbol{A}=(a_{ij})_{m\times n}$，$\boldsymbol{B}=(b_{ij})_{m\times n}$，并且它们的对应元素相等，即

$$a_{ij}=b_{ij}\quad (i=1,2,\cdots,m;\ j=1,2,\cdots,n),$$

则称矩阵 $\boldsymbol{A}$ 与 $\boldsymbol{B}$ 相等，记作 $\boldsymbol{A}=\boldsymbol{B}$.

例 2.1 设 $\boldsymbol{A}=\begin{pmatrix} 1 & 2-x & 3 \\ 2 & 6 & 5z \end{pmatrix}$，$\boldsymbol{B}=\begin{pmatrix} 1 & x & 3 \\ y & 6 & z-8 \end{pmatrix}$，已知 $\boldsymbol{A}=\boldsymbol{B}$，求 x、y、z.

解： 因为 $\boldsymbol{A}=\boldsymbol{B}$，所以 $2-x=x$，$2=y$，$5z=z-8$，即 $x=1$，$y=2$，$z=-2$.

二、几种特殊类型的矩阵

下面介绍几种特殊的矩阵，它们都是以后会经常碰到的.

1. 行矩阵和列矩阵

仅有一行的矩阵，如

$$\boldsymbol{A}=(a_1a_2\cdots a_n)$$

称为**行矩阵**，又称 n **维行向量**.

仅有一列的矩阵，如

$$\boldsymbol{B}=\begin{pmatrix} b_1 \\ b_2 \\ \vdots \\ b_m \end{pmatrix}$$

称为**列矩阵**，又称 m **维列向量**.

当行数和列数都为 1 时，称矩阵 $\boldsymbol{A}_{1\times 1}=(a_{11})$ 为 **1×1 矩阵**，此时矩阵 $\boldsymbol{A}$ 可看成与普通的数 a_{11} 相同，即 $\boldsymbol{A}=a_{11}$.

2. 零矩阵

若矩阵 $\boldsymbol{A}=(a_{ij})_{m\times n}$ 的所有元素都为 0，则称该矩阵为**零矩阵**. 记作 $\boldsymbol{O}$ 或 $\boldsymbol{O}_{m\times n}$.

例如，$\boldsymbol{O}_{2\times 3}=\begin{pmatrix} 0 & 0 & 0 \\ 0 & 0 & 0 \end{pmatrix}$ 和 $\boldsymbol{O}_{2\times 2}=\begin{pmatrix} 0 & 0 \\ 0 & 0 \end{pmatrix}$ 均为零矩阵.

注意 不同型的零矩阵的含义也不同.

3. 对角矩阵

若一个 n 阶方阵的主对角线以外的元素均为 0，则称该矩阵为**对角矩阵**，简称**对角阵**，

简记为

$$\boldsymbol{\Lambda} = \operatorname{diag}(a_{11}, a_{22}, \cdots, a_{nn}),$$

即 $\boldsymbol{\Lambda} = \begin{pmatrix} a_{11} & 0 & \cdots & 0 \\ 0 & a_{22} & \cdots & 0 \\ \vdots & \vdots & & \vdots \\ 0 & 0 & \cdots & a_{nn} \end{pmatrix}$，有时也简记为 $\boldsymbol{\Lambda} = \begin{pmatrix} a_{11} & & & \\ & a_{22} & & \\ & & \ddots & \\ & & & a_{nn} \end{pmatrix}$.

4. 数量矩阵

若一个 n 阶方阵的主对角线上的元素都相等且不为 0，则称该对角矩阵为**数量矩阵**，即

当 $a_{11} = a_{22} = \cdots = a_{nn} = a \neq 0$ 时，$\boldsymbol{\Lambda} = \begin{pmatrix} a & & & \\ & a & & \\ & & \ddots & \\ & & & a \end{pmatrix}$.

5. 单位矩阵

若一个 n 阶数量矩阵的主对角线上的元素均为 1，则称该矩阵为单位矩阵，记作 $\boldsymbol{E}$ 或 $\boldsymbol{E}_n$，即

$$\boldsymbol{E} = \begin{pmatrix} 1 & 0 & \cdots & 0 \\ 0 & 1 & \cdots & 0 \\ \vdots & \vdots & & \vdots \\ 0 & 0 & \cdots & 1 \end{pmatrix} \text{或} \boldsymbol{E} = \begin{pmatrix} 1 & & & \\ & 1 & & \\ & & \ddots & \\ & & & 1 \end{pmatrix}.$$

例如，三阶单位矩阵 $\boldsymbol{E}_3 = \begin{pmatrix} 1 & 0 & 0 \\ 0 & 1 & 0 \\ 0 & 0 & 1 \end{pmatrix}$，二阶单位矩阵 $\boldsymbol{E}_2 = \begin{pmatrix} 1 & 0 \\ 0 & 1 \end{pmatrix}$.

同样地，不同阶的单位矩阵的含义也不同.

6. 三角矩阵

若一个 n 阶方阵的主对角线以下(上)的元素均为0，则称该方阵为上(下)三角矩阵，即

$$\begin{pmatrix} a_{11} & a_{12} & \cdots & a_{1n} \\ 0 & a_{22} & \cdots & a_{2n} \\ \vdots & \vdots & & \vdots \\ 0 & 0 & \cdots & a_{nn} \end{pmatrix} \text{或} \begin{pmatrix} a_{11} & 0 & \cdots & 0 \\ a_{21} & a_{22} & \cdots & 0 \\ \vdots & \vdots & & \vdots \\ a_{n1} & a_{n2} & \cdots & a_{nn} \end{pmatrix},$$

上三角矩阵和下三角矩阵统称为**三角矩阵**.

7. 对称矩阵

若 n 阶方阵 $\boldsymbol{A}_n$ 满足 $a_{ij} = a_{ji}(i, j = 1, 2, \cdots, n)$，则称 $\boldsymbol{A}_n$ 为对称矩阵，简称对称阵，即

$$\begin{pmatrix} a_{11} & a_{12} & \cdots & a_{1n} \\ a_{12} & a_{22} & \cdots & a_{2n} \\ \vdots & \vdots & & \vdots \\ a_{1n} & a_{2n} & \cdots & a_{nn} \end{pmatrix}, \text{如} \boldsymbol{B} = \begin{pmatrix} 1 & 2 & 4 \\ 2 & 3 & 6 \\ 4 & 6 & 5 \end{pmatrix}.$$

显然，对称矩阵中关于主对角线对称位置的元素对应相等．对角矩阵与单位矩阵都是对

称矩阵.

8. 反对称矩阵

若 n 阶方阵 $\boldsymbol{A}_n$ 满足 $a_{ii}=0$，$a_{ij}=-a_{ji}(i, j=1, 2, \cdots, n, i\neq j)$，则称 $\boldsymbol{A}_n$ 为**反对称矩阵**，简称**反对称阵**，即

$$\begin{pmatrix} 0 & a_{12} & \cdots & a_{1n} \\ -a_{12} & 0 & \cdots & a_{2n} \\ \vdots & \vdots & & \vdots \\ -a_{1n} & -a_{2n} & \cdots & 0 \end{pmatrix}，如 \boldsymbol{C}=\begin{pmatrix} 0 & -2 & 4 \\ 2 & 0 & 6 \\ -4 & -6 & 0 \end{pmatrix}.$$

显然，在反对称矩阵中，主对角线上的元素均为 0 且关于主对角线对称位置的元素互为相反数.

三、矩阵与线性变换

n 个变量 $x_1, x_2, \cdots, x_n$ 与 m 个变量 $y_1, y_2, \cdots, y_m$ 之间的线性关系式

$$\begin{cases} y_1=a_{11}x_1+a_{12}x_2+\cdots+a_{1n}x_n \\ y_2=a_{21}x_1+a_{22}x_2+\cdots+a_{2n}x_n \\ \quad\vdots \\ y_m=a_{m1}x_1+a_{m2}x_2+\cdots+a_{mn}x_n \end{cases} \tag{2.1}$$

称为一个从变量 $x_1, x_2, \cdots, x_n$ 到变量 $y_1, y_2, \cdots, y_m$ 的**线性变换**，其中 a_{ij} 为常数，线性变换(2.1)的系数 a_{ij} 构成矩阵 $\boldsymbol{A}=(a_{ij})_{m\times n}$，称为**系数矩阵**，若给定了线性变换(2.1)，则它的系数矩阵也就确定了；反之，若给出了一个矩阵作为线性变换的系数矩阵，则线性变换也就确定了．在这种意义下，线性变换与系数矩阵一一对应．因此，可以利用矩阵来研究线性变换，亦可利用线性变换来研究矩阵.

第二节 矩阵的运算

矩阵的意义不仅在于将一些数据排成阵列形式，而且在于对它定义了一些有理论意义和实际意义的运算，从而使它成为进行理论研究或解决实际问题的有力工具.

一、矩阵的线性运算

矩阵的基本运算是线性运算，矩阵的线性运算是指矩阵的加法(减法)和数乘矩阵.

1. 矩阵的加法

例如，2014 年 5 月，我国南方地区出现大范围暴雨天气，导致甲、乙、丙 3 个城市遭受洪水灾害，某慈善机构决定向这 3 个城市分 3 天发放棉被、饼干、饮用水 3 种救援物资，第一天的发放情况如表 2.1 所示.

表 2.1　第一天救援物资的发放情况

城市	物资种类		
	棉被/万床	饼干/万箱	饮用水/万箱
甲	3	5	4
乙	3	3	2
丙	5	3	4

把甲、乙、丙 3 个城市分别记作 1、2、3；棉被、饼干、饮用水 3 种物资分别记作 1、2、3，那么上面的信息可以用下列矩阵表示

$$\boldsymbol{A}=\begin{pmatrix}3&5&4\\3&3&2\\5&3&4\end{pmatrix},$$

其中，$a_{ij}(i,\ j=1,\ 2,\ 3)$ 表示向第 i 个城市发放第 j 种救援物资的数量.

第二天救援物资的发放情况如表 2.2 所示 .

表 2.2　第二天救援物资的发放情况

城市	物资种类		
	棉被/万床	饼干/万箱	饮用水/万箱
甲	2	3	7
乙	3	6	8
丙	0	4	5

其可用矩阵表示为

$$\boldsymbol{B}=\begin{pmatrix}2&3&7\\3&6&8\\0&4&5\end{pmatrix}.$$

前两天累计发放的救援物资量如表 2.3 所示 .

表 2.3　前两天累计发放的救援物资量

城市	物资种类		
	棉被/万床	饼干/万箱	饮用水/万箱
甲	5	8	11
乙	6	9	10
丙	5	7	9

其可用矩阵表示为

$$\boldsymbol{C}=\begin{pmatrix}3+2&5+3&4+7\\3+3&3+6&2+8\\5+0&3+4&4+5\end{pmatrix}=\begin{pmatrix}5&8&11\\6&9&10\\5&7&9\end{pmatrix}.$$

由上面的例子，不难理解下面给出的矩阵加法的定义 .

定义 2.2 设 $\boldsymbol{A}=(a_{ij})_{m\times n}$，$\boldsymbol{B}=(b_{ij})_{m\times n}$ 为同型矩阵，则 $\boldsymbol{A}+\boldsymbol{B}$ 定义为

$$\boldsymbol{A}+\boldsymbol{B}=(a_{ij}+b_{ij})_{m\times n}=\begin{pmatrix} a_{11}+b_{11} & a_{12}+b_{12} & \cdots & a_{1n}+b_{1n} \\ a_{21}+b_{21} & a_{22}+b_{22} & \cdots & a_{2n}+b_{2n} \\ \vdots & \vdots & & \vdots \\ a_{m1}+b_{m1} & a_{m2}+b_{m2} & \cdots & a_{mn}+b_{mn} \end{pmatrix}.$$

容易验证矩阵的加法满足下述运算规律（$\boldsymbol{A}$、$\boldsymbol{B}$、$\boldsymbol{C}$、$\boldsymbol{O}$ 均为同型矩阵）.

（1）加法交换律：$\boldsymbol{A}+\boldsymbol{B}=\boldsymbol{B}+\boldsymbol{A}$.

（2）加法结合律：$(\boldsymbol{A}+\boldsymbol{B})+\boldsymbol{C}=\boldsymbol{A}+(\boldsymbol{B}+\boldsymbol{C})$.

（3）零矩阵满足：$\boldsymbol{A}+\boldsymbol{O}=\boldsymbol{A}$.

由定义 2.2 可知，只有行数与列数分别相同的两个矩阵（即同型矩阵）才能相加，因此在进行矩阵加法的运算时，首先应检验两个矩阵的行数与列数是否相同，若行数与列数都分别相同，则只要将两个矩阵的对应元素相加即可.

设矩阵 $\boldsymbol{A}=(a_{ij})$，记 $-\boldsymbol{A}=(-a_{ij})$，称 $-\boldsymbol{A}$ 为矩阵 $\boldsymbol{A}$ 的负矩阵，显然有 $\boldsymbol{A}+(-\boldsymbol{A})=\boldsymbol{O}$. 由此规定矩阵的**减法**为 $\boldsymbol{A}-\boldsymbol{B}=\boldsymbol{A}+(-\boldsymbol{B})$.

例 2.2 设 $\boldsymbol{A}=\begin{pmatrix} 1 & 3 & 4 \\ 2 & 0 & 6 \end{pmatrix}$，$\boldsymbol{B}=\begin{pmatrix} -3 & 2 & 8 \\ -1 & 6 & 0 \end{pmatrix}$，求 $\boldsymbol{A}+\boldsymbol{B}$.

解：因为矩阵 $\boldsymbol{A}$ 与 $\boldsymbol{B}$ 均是 2×3 矩阵，所以

$$\boldsymbol{A}+\boldsymbol{B}=\begin{pmatrix} 1 & 3 & 4 \\ 2 & 0 & 6 \end{pmatrix}+\begin{pmatrix} -3 & 2 & 8 \\ -1 & 6 & 0 \end{pmatrix}=\begin{pmatrix} -2 & 5 & 12 \\ 1 & 6 & 6 \end{pmatrix}.$$

例 2.3 设 $\boldsymbol{O}=\begin{pmatrix} 0 & 0 \\ 0 & 0 \\ 0 & 0 \end{pmatrix}$，$\boldsymbol{A}=\begin{pmatrix} 2 & 3 \\ -1 & 0 \\ 1 & 4 \end{pmatrix}$，计算 $\boldsymbol{A}+\boldsymbol{O}$.

解：$$\boldsymbol{A}+\boldsymbol{O}=\begin{pmatrix} 2 & 3 \\ -1 & 0 \\ 1 & 4 \end{pmatrix}+\begin{pmatrix} 0 & 0 \\ 0 & 0 \\ 0 & 0 \end{pmatrix}=\begin{pmatrix} 2+0 & 3+0 \\ -1+0 & 0+0 \\ 1+0 & 4+0 \end{pmatrix}=\begin{pmatrix} 2 & 3 \\ -1 & 0 \\ 1 & 4 \end{pmatrix}.$$

2. 数与矩阵的乘法

在前面的例子中，若第三天发放的每种救援物资量都是第一天发放量的 3 倍，则第三天发放的救援物资量可以用如下矩阵来表示

$$\boldsymbol{D}=\begin{pmatrix} 3\times 3 & 3\times 5 & 3\times 4 \\ 3\times 3 & 3\times 3 & 3\times 2 \\ 3\times 5 & 3\times 3 & 3\times 4 \end{pmatrix}=\begin{pmatrix} 9 & 15 & 12 \\ 9 & 9 & 6 \\ 15 & 9 & 12 \end{pmatrix}.$$

更一般地，有数与矩阵的乘法定义.

定义 2.3 设矩阵 $\boldsymbol{A}=(a_{ij})_{m\times n}$，$k$ 是一个实数，则 $k\boldsymbol{A}$ 是实数 k 乘以矩阵 $\boldsymbol{A}$ 的每一个元素而形成的矩阵，称为数与矩阵的乘法，简称**数乘矩阵**，记作 $k\boldsymbol{A}$，即

$$k\boldsymbol{A}=\begin{pmatrix} ka_{11} & ka_{12} & \cdots & ka_{1n} \\ ka_{21} & ka_{22} & \cdots & ka_{2n} \\ \vdots & \vdots & & \vdots \\ ka_{m1} & ka_{m2} & \cdots & ka_{mn} \end{pmatrix}.$$

特别地，$(-1)\boldsymbol{A}=-\boldsymbol{A}$，其中 $-\boldsymbol{A}=(-a_{ij})_{m\times n}$ 称为 $\boldsymbol{A}$ 的**负矩阵**.

显然

$$\boldsymbol{A}+(-\boldsymbol{A})=\boldsymbol{O}.$$

利用负矩阵，矩阵的减法可定义为

$$\boldsymbol{A}-\boldsymbol{B}=\boldsymbol{A}+(-\boldsymbol{B})=(a_{ij}-b_{ij})_{m\times n}.$$

很明显，数乘矩阵与数乘行列式不同.

根据定义 2.3 容易验证，数乘矩阵满足如下运算律(设 k、m 为实数，$\boldsymbol{A}$、$\boldsymbol{B}$、$\boldsymbol{O}$ 为同型矩阵).

(1)数对矩阵的分配律：$k(\boldsymbol{A}+\boldsymbol{B})=k\boldsymbol{A}+k\boldsymbol{B}$.

(2)矩阵对数的分配律：$(k+m)\boldsymbol{A}=k\boldsymbol{A}+m\boldsymbol{A}$.

(3)数乘矩阵的交换律：$k\boldsymbol{A}=\boldsymbol{A}k$.

(4)矩阵对数的结合律：$(km)\boldsymbol{A}=k(m\boldsymbol{A})$.

(5)左边是数 1：$1\cdot\boldsymbol{A}=\boldsymbol{A}$.

例 2.4 已知 $\boldsymbol{A}=\begin{pmatrix}-1&2&3&1\\0&3&-2&1\\4&0&3&2\end{pmatrix}$，$\boldsymbol{B}=\begin{pmatrix}4&3&2&-1\\5&-3&0&1\\1&2&-5&0\end{pmatrix}$，求 $3\boldsymbol{A}-2\boldsymbol{B}$.

解：$3\boldsymbol{A}-2\boldsymbol{B}=3\begin{pmatrix}-1&2&3&1\\0&3&-2&1\\4&0&3&2\end{pmatrix}-2\begin{pmatrix}4&3&2&-1\\5&-3&0&1\\1&2&-5&0\end{pmatrix}$

$$=\begin{pmatrix}-3-8&6-6&9-4&3+2\\0-10&9+6&-6-0&3-2\\12-2&0-4&9+10&6-0\end{pmatrix}=\begin{pmatrix}-11&0&5&5\\-10&15&-6&1\\10&-4&19&6\end{pmatrix}.$$

例 2.5 设 $\boldsymbol{O}=\begin{pmatrix}0&0&0\\0&0&0\end{pmatrix}$，$k=-2$，计算 $k\boldsymbol{A}$.

解：$k\boldsymbol{A}=(-2)\begin{pmatrix}0&0&0\\0&0&0\end{pmatrix}=\begin{pmatrix}-2\times0&-2\times0&-2\times0\\-2\times0&-2\times0&-2\times0\end{pmatrix}=\begin{pmatrix}0&0&0\\0&0&0\end{pmatrix}$.

同样地，若 $k\boldsymbol{A}=\boldsymbol{O}$，则必有 $k=0$ 或 $\boldsymbol{A}=\boldsymbol{O}$.

由例 2.3 和例 2.5 可知，零矩阵在矩阵代数中所起的作用类似于数 0 在普通代数中所起的作用.

例 2.6 已知 $\boldsymbol{A}=\begin{pmatrix}3&-1&2&0\\1&5&7&9\\2&4&6&8\end{pmatrix}$，$\boldsymbol{B}=\begin{pmatrix}7&5&-2&4\\5&1&9&7\\3&2&-1&6\end{pmatrix}$，且 $\boldsymbol{A}+2\boldsymbol{X}=\boldsymbol{B}$，求 $\boldsymbol{X}$.

解：$\boldsymbol{X}=\dfrac{1}{2}(\boldsymbol{B}-\boldsymbol{A})=\dfrac{1}{2}\begin{pmatrix}4&6&-4&4\\4&-4&2&-2\\1&-2&-7&-2\end{pmatrix}=\begin{pmatrix}2&3&-2&2\\2&-2&1&-1\\\dfrac{1}{2}&-1&-\dfrac{7}{2}&-1\end{pmatrix}$.

用矩阵的加法及数乘，线性方程组

$$\begin{cases} a_{11}x_1 + a_{12}x_2 + \cdots + a_{1n}x_n = b_1 \\ a_{21}x_1 + a_{22}x_2 + \cdots + a_{2n}x_n = b_2 \\ \qquad\vdots \\ a_{m1}x_1 + a_{m2}x_2 + \cdots + a_{mn}x_n = b_m \end{cases}$$

可以表示成 $\boldsymbol{\alpha}_1x_1 + \boldsymbol{\alpha}_2x_2 + \cdots + \boldsymbol{\alpha}_nx_n = \boldsymbol{b}$ 的形式，其中

$$\boldsymbol{\alpha}_j = \begin{pmatrix} a_{1j} \\ a_{2j} \\ \vdots \\ a_{mj} \end{pmatrix} (j = 1, 2, \cdots, n), \boldsymbol{b} = \begin{pmatrix} b_1 \\ b_2 \\ \vdots \\ b_m \end{pmatrix}.$$

二、矩阵的乘法

下面举一个例子来说明，某工厂每天生产 3 种产品，分别运往甲、乙、丙 3 个城市. 如果已知产品 1 的价格为 100 元/个，运费为 0.5 元/个；产品 2 的价格为 200 元/个，运费为 0.5 元/个；产品 3 的价格为 20 元/个，运费为 0.3 元/个. 那么可以把价格和运费用一个矩阵来表示

$$\boldsymbol{P} = \begin{pmatrix} 100 & 0.5 \\ 200 & 0.5 \\ 20 & 0.3 \end{pmatrix}.$$

第一天运出的产品数借用表 2.1 的数据，则 3 种产品量为

$$\boldsymbol{A} = \begin{pmatrix} 3 & 5 & 4 \\ 3 & 3 & 2 \\ 5 & 3 & 4 \end{pmatrix},$$

显然，工厂第一天向甲城市运输的产品价值为

$$3 \times 100 + 5 \times 200 + 4 \times 20 = 1\,380 \text{（元）},$$

运费为

$$3 \times 0.5 + 5 \times 0.5 + 4 \times 0.3 = 5.2 \text{（元）}.$$

用同样的方法可以算出工厂第一天向乙、丙两个城市运输的产品价值和运费。这样，工厂第一天向 3 个城市运输产品的价值和运费写成矩阵的形式为

$$\begin{aligned} \boldsymbol{AP} &= \begin{pmatrix} 3 & 5 & 4 \\ 3 & 3 & 2 \\ 5 & 3 & 4 \end{pmatrix}\begin{pmatrix} 100 & 0.5 \\ 200 & 0.5 \\ 20 & 0.3 \end{pmatrix} \\ &= \begin{pmatrix} 3 \times 100 + 5 \times 200 + 4 \times 20 & 3 \times 0.5 + 5 \times 0.5 + 4 \times 0.3 \\ 3 \times 100 + 3 \times 200 + 2 \times 20 & 3 \times 0.5 + 3 \times 0.5 + 2 \times 0.3 \\ 5 \times 100 + 3 \times 200 + 4 \times 20 & 5 \times 0.5 + 3 \times 0.5 + 4 \times 0.3 \end{pmatrix} \\ &= \begin{pmatrix} 1\,380 & 5.2 \\ 940 & 3.6 \\ 1\,180 & 5.2 \end{pmatrix}. \end{aligned}$$

由此引出矩阵乘法的定义.

定义 2.4 设矩阵 $\boldsymbol{A}$ 的列数等于矩阵 $\boldsymbol{B}$ 的行数, $\boldsymbol{A}=(a_{ij})_{m\times s}$, $\boldsymbol{B}=(b_{ij})_{s\times n}$, 定义矩阵 $\boldsymbol{C}=(c_{ij})_{m\times n}$ 为矩阵 $\boldsymbol{A}$ 与 $\boldsymbol{B}$ 的乘积, 记作 $\boldsymbol{C}=\boldsymbol{AB}$, 其中

$$c_{ij}=a_{i1}b_{1j}+a_{i2}b_{2j}+\cdots+a_{is}b_{sj}=\sum_{k=1}^{s}a_{ik}b_{kj}\quad(i=1,\ 2,\ \cdots,\ m;\ j=1,\ 2,\ \cdots,\ n),$$

即 c_{ij} 为 $\boldsymbol{A}$ 的第 i 行元素与 $\boldsymbol{B}$ 的第 j 列对应元素乘积之和.

由定义 2.4 可知, 计算 $\boldsymbol{AB}$ 的法则的要点如下.

(1) 只有 $\boldsymbol{A}$ 的列数等于 $\boldsymbol{B}$ 的行数时, $\boldsymbol{AB}$ 才有意义, 且 $\boldsymbol{AB}$ 的行数等于 $\boldsymbol{A}$ 的行数, $\boldsymbol{AB}$ 的列数等于 $\boldsymbol{B}$ 的列数, 可用下列式子来帮助记忆

$$\underset{m\times s}{\boldsymbol{A}}\times\underset{s\times n}{\boldsymbol{B}}=\underset{m\times n}{\boldsymbol{C}}.$$

(2) $\boldsymbol{AB}$ 中的元素 c_{ij} 由左边矩阵 $\boldsymbol{A}$ 的第 i 行各元素与右边矩阵 $\boldsymbol{B}$ 的第 j 列的对应元素的乘积的和所确定, 即

$$c_{ij}=(a_{i1}\quad a_{i2}\quad\cdots\quad a_{is})\begin{pmatrix}b_{1j}\\ b_{2j}\\ \vdots\\ b_{sj}\end{pmatrix}=a_{i1}b_{1j}+a_{i2}b_{2j}+\cdots+a_{is}b_{sj}$$

$$(i=1,\ 2,\ \cdots,\ m;\ j=1,\ 2,\ \cdots,\ n).$$

例 2.7 若 $\boldsymbol{A}=\begin{pmatrix}2&3\\1&-2\\3&1\end{pmatrix}$, $\boldsymbol{B}=\begin{pmatrix}1&-2&-3\\2&-1&0\end{pmatrix}$, 求 $\boldsymbol{AB}$.

解: $\boldsymbol{AB}=\begin{pmatrix}2&3\\1&-2\\3&1\end{pmatrix}\begin{pmatrix}1&-2&-3\\2&-1&0\end{pmatrix}$

$$=\begin{pmatrix}2\times1+3\times2 & 2\times(-2)+3\times(-1) & 2\times(-3)+3\times0\\ 1\times1+(-2)\times2 & 1\times(-2)+(-2)\times(-1) & 1\times(-3)+(-2)\times0\\ 3\times1+1\times2 & 3\times(-2)+1\times(-1) & 3\times(-3)+1\times0\end{pmatrix}$$

$$=\begin{pmatrix}8&-7&-6\\-3&0&-3\\5&-7&-9\end{pmatrix}.$$

就此例, 顺便求 $\boldsymbol{BA}$

$$\boldsymbol{BA}=\begin{pmatrix}1&-2&-3\\2&-1&0\end{pmatrix}\begin{pmatrix}2&3\\1&-2\\3&1\end{pmatrix}$$

$$=\begin{pmatrix}1\times2+(-2)\times1+(-3)\times3 & 1\times3+(-2)\times(-2)+(-3)\times1\\ 2\times2+(-1)\times1+0\times3 & 2\times3+(-1)\times(-2)+0\times1\end{pmatrix}=\begin{pmatrix}-9&4\\3&8\end{pmatrix}.$$

显然, $\boldsymbol{AB}\neq\boldsymbol{BA}$.

例 2.8 设 $\boldsymbol{A}=\begin{pmatrix}2 & 4\\ -3 & -6\end{pmatrix}$，$\boldsymbol{B}=\begin{pmatrix}-2 & 4\\ 1 & -2\end{pmatrix}$，求 $\boldsymbol{AB}$、$\boldsymbol{BA}$.

解：

$$\boldsymbol{AB}=\begin{pmatrix}2 & 4\\ -3 & -6\end{pmatrix}\begin{pmatrix}-2 & 4\\ 1 & -2\end{pmatrix}=\begin{pmatrix}0 & 0\\ 0 & 0\end{pmatrix},$$

$$\boldsymbol{BA}=\begin{pmatrix}-2 & 4\\ 1 & -2\end{pmatrix}\begin{pmatrix}2 & 4\\ -3 & -6\end{pmatrix}=\begin{pmatrix}-16 & -32\\ 8 & 16\end{pmatrix}.$$

由例 2.7 和例 2.8 可以看出，**矩阵的乘法一般不满足交换律**. 但并不是任意两个矩阵相乘都不可以交换，例如下面的例 2.9，两个矩阵相乘就可以交换．但作为统一的运算法则，矩阵乘法交换律是不成立的.

由例 2.8 还附带看出，**两个非零矩阵相乘，可能是零矩阵**，从而不能由 $\boldsymbol{AB}=\boldsymbol{O}$ 必然推出 $\boldsymbol{A}=\boldsymbol{O}$ 或 $\boldsymbol{B}=\boldsymbol{O}$.

例 2.9 设 $\boldsymbol{A}=\begin{pmatrix}2 & 5\\ 1 & 3\end{pmatrix}$，$\boldsymbol{B}=\begin{pmatrix}3 & -5\\ -1 & 2\end{pmatrix}$，求 $\boldsymbol{AB}$、$\boldsymbol{BA}$.

解：

$$\boldsymbol{AB}=\begin{pmatrix}2 & 5\\ 1 & 3\end{pmatrix}\begin{pmatrix}3 & -5\\ -1 & 2\end{pmatrix}=\begin{pmatrix}1 & 0\\ 0 & 1\end{pmatrix},$$

$$\boldsymbol{BA}=\begin{pmatrix}3 & -5\\ -1 & 2\end{pmatrix}\begin{pmatrix}2 & 5\\ 1 & 3\end{pmatrix}=\begin{pmatrix}1 & 0\\ 0 & 1\end{pmatrix},$$

$$\boldsymbol{AB}=\boldsymbol{BA}.$$

若两个矩阵 $\boldsymbol{A}$ 与 $\boldsymbol{B}$ 相乘，有 $\boldsymbol{AB}=\boldsymbol{BA}$，则称矩阵 $\boldsymbol{A}$ 与矩阵 $\boldsymbol{B}$ 是**可交换矩阵**.

例 2.10 已知 $\boldsymbol{A}=\begin{pmatrix}a & a\\ -a & -a\end{pmatrix}$，$\boldsymbol{B}=\begin{pmatrix}b & -b\\ -b & b\end{pmatrix}$，$\boldsymbol{C}=\begin{pmatrix}k & 0\\ 0 & k\end{pmatrix}$，求 $\boldsymbol{AB}$、$\boldsymbol{BC}$ 与 $\boldsymbol{CB}$.

解：

$$\boldsymbol{AB}=\begin{pmatrix}a & a\\ -a & -a\end{pmatrix}\begin{pmatrix}b & -b\\ -b & b\end{pmatrix}=\begin{pmatrix}0 & 0\\ 0 & 0\end{pmatrix},$$

$$\boldsymbol{BC}=\begin{pmatrix}b & -b\\ -b & b\end{pmatrix}\begin{pmatrix}k & 0\\ 0 & k\end{pmatrix}=\begin{pmatrix}kb & -kb\\ -kb & kb\end{pmatrix},$$

$$\boldsymbol{CB}=\begin{pmatrix}k & 0\\ 0 & k\end{pmatrix}\begin{pmatrix}b & -b\\ -b & b\end{pmatrix}=\begin{pmatrix}kb & -kb\\ -kb & kb\end{pmatrix}.$$

在例 2.10 中，两个非零矩阵 $\boldsymbol{A}$ 与 $\boldsymbol{B}$ 的乘积矩阵 $\boldsymbol{AB}$ 为零矩阵，这时称 $\boldsymbol{B}$ 是 $\boldsymbol{A}$ 的**右零因子**，$\boldsymbol{A}$ 是 $\boldsymbol{B}$ 的**左零因子**. 由于 a、b 可以取不同的实数，因此一个非零矩阵的右零因子与左零因子可以是不唯一的，这种现象在数的乘法中是不可能出现的，这说明矩阵的乘法运算不同于数的乘法运算．此外，由于 $\boldsymbol{BC}=\boldsymbol{CB}$，所以说明一个**数量矩阵与任何同阶方阵都是可交换矩阵**.

例 2.11 设 $\boldsymbol{A}=\begin{pmatrix}2 & 0 & 0\\ 0 & 2 & 0\end{pmatrix}$，$\boldsymbol{B}=\begin{pmatrix}1 & 0\\ 0 & 1\\ 1 & 0\end{pmatrix}$，$\boldsymbol{C}=\begin{pmatrix}1 & 0\\ 0 & 1\\ 0 & 0\end{pmatrix}$，求 $\boldsymbol{AB}$、$\boldsymbol{AC}$.

解：

$$\boldsymbol{AB}=\begin{pmatrix}2 & 0 & 0\\ 0 & 2 & 0\end{pmatrix}\begin{pmatrix}1 & 0\\ 0 & 1\\ 1 & 0\end{pmatrix}=\begin{pmatrix}2 & 0\\ 0 & 2\end{pmatrix},$$

$$AC=\begin{pmatrix}2&0&0\\0&2&0\end{pmatrix}\begin{pmatrix}1&0\\0&1\\0&0\end{pmatrix}=\begin{pmatrix}2&0\\0&2\end{pmatrix}.$$

由此例可见，当 $AB=AC$ 时，矩阵 B 不一定等于矩阵 C，即**矩阵的乘法一般不满足消去律**. 这是因为两个矩阵相乘表示的是两张数表相乘，它不同于两个数相乘，反映在运算律上也有一定的差异．但矩阵的乘法运算与数的乘法运算也有相同或类似的运算律.

读者可以直接验证，矩阵乘法满足如下运算规律.

(1)结合律：$(AB)C=A(BC)$.

(2)数乘结合律：$k(AB)=(kA)B=A(kB)$，其中 k 为实常数.

(3)分配律：$A(B+C)=AB+AC$，$(B+C)A=BA+CA$.

单位矩阵在矩阵代数中的作用类似于数 1 在普通代数中所起的作用

$$A_{m\times n}E_n=A_{m\times n},\ E_mA_{m\times n}=A_{m\times n},$$

特别地，当 A 为 n 阶方阵时，有 $AE=EA=A$.

例 2.12(生产成本问题)　某工厂生产 3 种产品，生产单位产品的成本如表 2.4 所示，每季度产量如表 2.5 所示.

表 2.4　生产单位产品的成本　　单位：元

成本	产品		
	A	B	C
原料费	0.10	0.30	0.15
工资	0.30	0.40	0.25
管理费和其他	0.10	0.20	0.15

表 2.5　每季度产量　　单位：件

产品	季度			
	夏季	秋季	冬季	春季
A	4 000	4 500	4 500	4 000
B	2 000	2 600	2 400	2 200
C	5 800	6 200	6 000	6 000

工厂希望在股东会议上用一张表格展示出每一季度中每一类成本的数量.

解：用矩阵的方法考虑这个问题。表 2.4 和表 2.5 中的数据均可表示为一个矩阵

$$M=\begin{pmatrix}0.10&0.30&0.15\\0.30&0.40&0.25\\0.10&0.20&0.15\end{pmatrix},\ P=\begin{pmatrix}4\,000&4\,500&4\,500&4\,000\\2\,000&2\,600&2\,400&2\,200\\5\,800&6\,200&6\,000&6\,000\end{pmatrix}.$$

MP 第 1 列的 3 个元素分别表示夏季时 3 类成本的数量，MP 第 2 列的 3 个元素分别表示秋季时 3 类成本的数量，MP 第 3 列的 3 个元素分别表示冬季时 3 类成本的数量，MP 第 4 列的 3 个元素分别表示春季时 3 类成本的数量.

计算 MP 得

$$MP = \begin{pmatrix} 1\,870 & 2\,160 & 2\,070 & 1\,960 \\ 3\,450 & 3\,940 & 3\,810 & 3\,580 \\ 1\,670 & 1\,900 & 1\,830 & 1\,740 \end{pmatrix}.$$

例 2.13 试用矩阵乘法表示线性方程组

$$\begin{cases} a_{11}x_1 + a_{12}x_2 + \cdots + a_{1n}x_n = b_1 \\ a_{21}x_1 + a_{22}x_2 + \cdots + a_{2n}x_n = b_2 \\ \qquad\vdots \\ a_{m1}x_1 + a_{m2}x_2 + \cdots + a_{mn}x_n = b_n \end{cases}.$$

解：记 $A = \begin{pmatrix} a_{11} & a_{12} & \cdots & a_{1n} \\ a_{21} & a_{22} & \cdots & a_{2n} \\ \vdots & \vdots & & \vdots \\ a_{m1} & a_{m2} & \cdots & a_{mn} \end{pmatrix}$，$x = \begin{pmatrix} x_1 \\ x_2 \\ \vdots \\ x_n \end{pmatrix}$，$b = \begin{pmatrix} b_1 \\ b_2 \\ \vdots \\ b_n \end{pmatrix}$，

它们分别称为线性方程组的系数矩阵、未知量列矩阵、常数列矩阵，则由矩阵乘法及矩阵相等的定义，该线性方程组可以表示为 $\begin{pmatrix} a_{11} & a_{12} & \cdots & a_{1n} \\ a_{21} & a_{22} & \cdots & a_{2n} \\ \vdots & \vdots & & \vdots \\ a_{m1} & a_{m2} & \cdots & a_{mn} \end{pmatrix}\begin{pmatrix} x_1 \\ x_2 \\ \vdots \\ x_n \end{pmatrix} = \begin{pmatrix} b_1 \\ b_2 \\ \vdots \\ b_n \end{pmatrix}$，或者简记为 $Ax = b$.

一般地，对于 s 个矩阵 $A_1, A_2, \cdots, A_s$，只要前一个矩阵的列数等于后一个相邻矩阵的行数，就可以把它们依次相乘. 特别地，对于 n 阶方阵 A，规定 $A^k = \underbrace{AAAA\cdots A}_{k个}$（其中 k 为正整数)，称 A^k 为 **A 的 k 次幂或 A 的 k 次方**. 约定 $A^0 = E$，且有

$$A^m A^k = A^{m+k},\ (A^m)^k = A^{mk} \quad (m、k 为正整数).$$

因为矩阵乘法一般不满足交换律，所以对于两个 n 阶矩阵 A 与 B，一般 $(AB)^k \neq A^kB^k$.

三、矩阵的转置

定义 2.5 将矩阵 A 的行与列互换，并且不改变原来行、列中各元素的顺序得到的矩阵称为 A 的**转置矩阵**，记作 A^{T}.

若 $A = \begin{pmatrix} a_{11} & a_{12} & \cdots & a_{1n} \\ a_{21} & a_{22} & \cdots & a_{2n} \\ \vdots & \vdots & & \vdots \\ a_{m1} & a_{m2} & \cdots & a_{mn} \end{pmatrix}_{m\times n}$，则 $A^{\mathrm{T}} = \begin{pmatrix} a_{11} & a_{21} & \cdots & a_{m1} \\ a_{12} & a_{22} & \cdots & a_{m2} \\ \vdots & \vdots & & \vdots \\ a_{1n} & a_{2n} & \cdots & a_{mn} \end{pmatrix}_{n\times m}$.

由对称矩阵的定义可知，对称矩阵 A 满足 $A^{\mathrm{T}} = A$. 而反对称矩阵 $A^{\mathrm{T}} = -A$，矩阵的转置也是一种运算，满足下述运算规律(假设运算都是可行的)：

(1) $(A^{\mathrm{T}})^{\mathrm{T}} = A$;

(2) $(A + B)^{\mathrm{T}} = A^{\mathrm{T}} + B^{\mathrm{T}}$;

(3) $(kA)^{\mathrm{T}} = kA^{\mathrm{T}}$;

(4) $(AB)^{\mathrm{T}} = B^{\mathrm{T}}A^{\mathrm{T}}$.

例 2.14 已知 $\boldsymbol{A}=\begin{pmatrix}2 & 0 & -1\\1 & 3 & 2\end{pmatrix}$，$\boldsymbol{B}=\begin{pmatrix}1 & 7 & -1\\4 & 2 & 3\\2 & 0 & 1\end{pmatrix}$，求$(\boldsymbol{AB})^{\mathrm{T}}$.

解法 1：$\boldsymbol{AB}=\begin{pmatrix}2 & 0 & -1\\1 & 3 & 2\end{pmatrix}\begin{pmatrix}1 & 7 & -1\\4 & 2 & 3\\2 & 0 & 1\end{pmatrix}=\begin{pmatrix}0 & 14 & -3\\17 & 13 & 10\end{pmatrix}$，

所以

$$(\boldsymbol{AB})^{\mathrm{T}}=\begin{pmatrix}0 & 17\\14 & 13\\-3 & 10\end{pmatrix}.$$

解法 2：$(\boldsymbol{AB})^{\mathrm{T}}=\boldsymbol{B}^{\mathrm{T}}\boldsymbol{A}^{\mathrm{T}}=\begin{pmatrix}1 & 4 & 2\\7 & 2 & 0\\-1 & 3 & 1\end{pmatrix}\begin{pmatrix}2 & 1\\0 & 3\\-1 & 2\end{pmatrix}=\begin{pmatrix}0 & 17\\14 & 13\\-3 & 10\end{pmatrix}.$

四、方阵的行列式

定义 2.6 由 n 阶方阵 $\boldsymbol{A}$ 的元素构成的行列式(各元素的位置不变)，称为**方阵 $\boldsymbol{A}$ 的行列式**，记作 $|\boldsymbol{A}|$ 或 $\det \boldsymbol{A}$.

例如，n 阶单位方阵 $\boldsymbol{E}_n$ 的行列式为

$$|\boldsymbol{E}_n|=\begin{vmatrix}1 & 0 & \cdots & 0\\0 & 1 & \cdots & 0\\\vdots & \vdots & & \vdots\\0 & 0 & \cdots & 1\end{vmatrix}=1.$$

方阵的行列式满足下述运算规律(设 $\boldsymbol{A}$、$\boldsymbol{B}$ 为 n 阶方阵，k 为实数)：

(1) $|\boldsymbol{A}^{\mathrm{T}}|=|\boldsymbol{A}|$；

(2) $|k\boldsymbol{A}|=k^n|\boldsymbol{A}|$；

(3) $|\boldsymbol{AB}|=|\boldsymbol{A}||\boldsymbol{B}|$.

例 2.15 设 $\boldsymbol{A}$ 为二阶方阵，$|\boldsymbol{A}|=4$，$k=3$，求 $|k\boldsymbol{A}|$，$||\boldsymbol{A}|\boldsymbol{A}|$.

解：
$$|k\boldsymbol{A}|=k^2|\boldsymbol{A}|=3^2|\boldsymbol{A}|=3^2\times 4=36;$$
$$||\boldsymbol{A}|\boldsymbol{A}|=|4\boldsymbol{A}|=4^2|\boldsymbol{A}|=4^2\times 4=64.$$

第三节 逆矩阵

由数的运算律可知，当数 $a\neq 0$ 时，存在唯一实数 a^{-1}，使 $aa^{-1}=a^{-1}a=1$. 利用这个运算律，可以求解一次方程 $ax=b\ (a\neq 0)$的解为 $x=a^{-1}b$. 那么，矩阵有没有类似的运算呢？也就是说，对于非零矩阵 $\boldsymbol{A}$，是否存在矩阵 $\boldsymbol{A}^{-1}$，它起着“除数”的作用，使矩阵方程 $\boldsymbol{AX}=\boldsymbol{B}$ 的解也可表示为 $\boldsymbol{X}=\boldsymbol{A}^{-1}\boldsymbol{B}$？为了探讨此问题，本节引入逆矩阵 $\boldsymbol{A}^{-1}$ 的定义，并讨论逆矩阵的性质、逆矩阵存在的条件，以及求逆矩阵的方法. 逆矩阵在矩阵代数中所起的作用类似于倒数在实数运算中所起的作用. 逆矩阵在矩阵理论和应用中都起着重要的作用.

一、逆矩阵的概念及性质

定义 2.7 对于 n 阶方阵 $\boldsymbol{A}$，若存在 n 阶方阵 $\boldsymbol{B}$，满足
$$\boldsymbol{AB}=\boldsymbol{BA}=\boldsymbol{E},$$
则称矩阵 $\boldsymbol{A}$ 为**可逆矩阵**，简称 $\boldsymbol{A}$ 可逆．这时称 $\boldsymbol{B}$ 为 $\boldsymbol{A}$ 的**逆矩阵**，记作 $\boldsymbol{A}^{-1}$，且 $\boldsymbol{A}^{-1}=\boldsymbol{B}$，于是 $\boldsymbol{AA}^{-1}=\boldsymbol{A}^{-1}\boldsymbol{A}=\boldsymbol{E}$. 因为定义中 $\boldsymbol{A}$ 与 $\boldsymbol{B}$ 的地位是等同的，所以也称 $\boldsymbol{A}$ 是 $\boldsymbol{B}$ 的逆矩阵，且 $\boldsymbol{B}^{-1}=\boldsymbol{A}$. 因此，通常称 $\boldsymbol{A}$、$\boldsymbol{B}$ 互为**逆矩阵**，或者 $\boldsymbol{A}$、$\boldsymbol{B}$ 互逆．

例如，因为 $\begin{pmatrix}1&2\\2&3\end{pmatrix}\begin{pmatrix}-3&2\\2&-1\end{pmatrix}=\begin{pmatrix}-3&2\\2&-1\end{pmatrix}\begin{pmatrix}1&2\\2&3\end{pmatrix}=\begin{pmatrix}1&0\\0&1\end{pmatrix}$，所以 $\begin{pmatrix}1&2\\2&3\end{pmatrix}$ 与 $\begin{pmatrix}-3&2\\2&-1\end{pmatrix}$ 互为逆矩阵，即有
$$\begin{pmatrix}1&2\\2&3\end{pmatrix}^{-1}=\begin{pmatrix}-3&2\\2&-1\end{pmatrix} \text{ 及 } \begin{pmatrix}-3&2\\2&-1\end{pmatrix}^{-1}=\begin{pmatrix}1&2\\2&3\end{pmatrix}.$$

定义 2.8 若矩阵 $\boldsymbol{A}$ 可逆，则称 $\boldsymbol{A}$ 是非奇异矩阵；反之，若矩阵 $\boldsymbol{A}$ 不可逆，则称 $\boldsymbol{A}$ 是奇异矩阵．

例 2.16 设 $\boldsymbol{A}=\begin{pmatrix}2&0\\0&3\end{pmatrix}$，求矩阵 $\boldsymbol{A}$ 的逆矩阵 $\boldsymbol{A}^{-1}$.

解：因为 $\begin{pmatrix}2&0\\0&3\end{pmatrix}\begin{pmatrix}\frac{1}{2}&0\\0&\frac{1}{3}\end{pmatrix}=\begin{pmatrix}\frac{1}{2}&0\\0&\frac{1}{3}\end{pmatrix}\begin{pmatrix}2&0\\0&3\end{pmatrix}=\begin{pmatrix}1&0\\0&1\end{pmatrix}$，所以 $\boldsymbol{A}^{-1}=\begin{pmatrix}\frac{1}{2}&0\\0&\frac{1}{3}\end{pmatrix}$.

即此时，$\boldsymbol{AA}^{-1}=\boldsymbol{A}^{-1}\boldsymbol{A}=\boldsymbol{E}$.

设对角矩阵 $\boldsymbol{A}=\begin{pmatrix}a_{11}&&&\\&a_{22}&&\\&&\ddots&\\&&&a_{nn}\end{pmatrix}$ 满足 $a_{ii}\neq 0(i=1,2\cdots,n)$，可以验证其逆矩阵存在，为 $\boldsymbol{A}^{-1}=\begin{pmatrix}a_{11}^{-1}&&&\\&a_{22}^{-1}&&\\&&\ddots&\\&&&a_{nn}^{-1}\end{pmatrix}$，因此 $\boldsymbol{A}$ 是非奇异矩阵.

由此可知，对角矩阵若有逆矩阵，则它的逆矩阵仍为同阶对角矩阵.

利用逆矩阵的定义容易验证，逆矩阵满足下列性质：

(1) 可逆矩阵的逆矩阵是唯一的；

(2) 可逆矩阵 $\boldsymbol{A}$ 的逆矩阵 $\boldsymbol{A}^{-1}$ 也可逆，并且 $(\boldsymbol{A}^{-1})^{-1}=\boldsymbol{A}$；

(3) 若 n 阶方阵 $\boldsymbol{A}$、$\boldsymbol{B}$ 均可逆，则称 $\boldsymbol{AB}$ 也可逆，并且 $(\boldsymbol{AB})^{-1}=\boldsymbol{B}^{-1}\boldsymbol{A}^{-1}$；

(4) 可逆矩阵 $\boldsymbol{A}$ 的转置矩阵 $\boldsymbol{A}^{\mathrm{T}}$ 也可逆，并且 $(\boldsymbol{A}^{\mathrm{T}})^{-1}=(\boldsymbol{A}^{-1})^{\mathrm{T}}$；

(5) 非零常数 k 与可逆矩阵 $\boldsymbol{A}$ 的乘积 $k\boldsymbol{A}$ 也可逆，并且 $(k\boldsymbol{A})^{-1}=\frac{1}{k}\boldsymbol{A}^{-1}$；

(6)可逆矩阵 $\boldsymbol{A}$ 的逆矩阵 $\boldsymbol{A}^{-1}$ 的行列式 $|\boldsymbol{A}^{-1}|=|\boldsymbol{A}|^{-1}=\dfrac{1}{|\boldsymbol{A}|}$.

例 2.17 证明若 $\boldsymbol{A}$ 是可逆的对称矩阵，则 $\boldsymbol{A}^{-1}$ 也是对称矩阵；若 $\boldsymbol{A}$ 是可逆的反对称矩阵，则 $\boldsymbol{A}^{-1}$ 也是反对称矩阵.

证明： 因为若 $\boldsymbol{A}$ 是对称矩阵，则 $\boldsymbol{A}=\boldsymbol{A}^{\mathrm{T}}$，所以 $(\boldsymbol{A}^{-1})^{\mathrm{T}}=(\boldsymbol{A}^{\mathrm{T}})^{-1}=\boldsymbol{A}^{-1}$，即 $\boldsymbol{A}^{-1}$ 是对称矩阵.

又因为若 $\boldsymbol{A}$ 是反对称矩阵，则 $\boldsymbol{A}=-\boldsymbol{A}^{\mathrm{T}}$，所以 $(\boldsymbol{A}^{-1})^{\mathrm{T}}=(\boldsymbol{A}^{\mathrm{T}})^{-1}=(-\boldsymbol{A})^{-1}=-\boldsymbol{A}^{-1}$，即 $\boldsymbol{A}^{-1}$ 是反对称矩阵.

二、矩阵可逆的条件

要直接求一个矩阵的逆矩阵比较麻烦，如何简单地判断一个矩阵是否可逆？若可逆，则怎样求得其逆矩阵呢？为此，先引入伴随矩阵的概念.

定义 2.9 设 n 阶方阵为

$$\boldsymbol{A}=\begin{pmatrix} a_{11} & a_{12} & \cdots & a_{1n} \\ a_{21} & a_{22} & \cdots & a_{2n} \\ \vdots & \vdots & & \vdots \\ a_{n1} & a_{n2} & \cdots & a_{nn} \end{pmatrix},$$

由 $\boldsymbol{A}$ 的行列式 $|\boldsymbol{A}|$ 中元素 a_{ij} 的代数余子式 $A_{ij}(i,\ j=1,\ 2,\ \cdots,\ n)$ 构成的一个 n 阶方阵，记为 $\boldsymbol{A}^*$，称

$$\boldsymbol{A}^*=\begin{pmatrix} A_{11} & A_{21} & \cdots & A_{n1} \\ A_{12} & A_{22} & \cdots & A_{n2} \\ \vdots & \vdots & & \vdots \\ A_{1n} & A_{2n} & \cdots & A_{nn} \end{pmatrix}$$

为 $\boldsymbol{A}$ 的伴随矩阵.

对于 $|\boldsymbol{A}|$ 中元素 a_{ij} 的代数余子式 A_{ij}，由于

$$a_{i1}A_{j1}+a_{i2}A_{j2}+\cdots a_{in}A_{jn}=\begin{cases} |A|, & i=j \\ 0, & i\neq j, \end{cases}$$

$$a_{1i}A_{1j}+a_{2i}A_{2j}+\cdots a_{ni}A_{nj}=\begin{cases} |A|, & i=j \\ 0, & i\neq j. \end{cases}$$

因此

$$\boldsymbol{A}\boldsymbol{A}^*=\boldsymbol{A}^*\boldsymbol{A}=\begin{pmatrix} |\boldsymbol{A}| & & & \\ & |\boldsymbol{A}| & & \\ & & \ddots & \\ & & & |\boldsymbol{A}| \end{pmatrix}=|\boldsymbol{A}|\boldsymbol{E},$$

只要 $|\boldsymbol{A}|\neq 0$，就有

$$\boldsymbol{A}\cdot\frac{\boldsymbol{A}^*}{|\boldsymbol{A}|}=\frac{\boldsymbol{A}^*}{|\boldsymbol{A}|}\boldsymbol{A}=\boldsymbol{E},$$

于是有下面定理.

定理 2.1 n 阶方阵 $\boldsymbol{A}$ 可逆的充分必要条件是行列式 $|\boldsymbol{A}|\neq 0$(或 $\boldsymbol{A}$ 为非奇异矩阵)，且当 $\boldsymbol{A}$ 可逆时，$\boldsymbol{A}$ 的逆矩阵为

$$\boldsymbol{A}^{-1}=\frac{1}{|\boldsymbol{A}|}\boldsymbol{A}^{*}.$$

证明：充分性 由于 $\boldsymbol{A}\boldsymbol{A}^{*}=\boldsymbol{A}^{*}\boldsymbol{A}=|\boldsymbol{A}|\boldsymbol{E}$，又 $|\boldsymbol{A}|\neq 0$，因此

$$\boldsymbol{A}\cdot\frac{\boldsymbol{A}^{*}}{|\boldsymbol{A}|}=\frac{\boldsymbol{A}^{*}}{|\boldsymbol{A}|}\boldsymbol{A}=\boldsymbol{E}.$$

按逆矩阵的定义可知，$\boldsymbol{A}$ 可逆，且 $\boldsymbol{A}^{-1}=\frac{1}{|\boldsymbol{A}|}\boldsymbol{A}^{*}$.

必要性 因为 $\boldsymbol{A}$ 可逆，故存在 $\boldsymbol{A}^{-1}$，使 $\boldsymbol{A}\boldsymbol{A}^{-1}=\boldsymbol{E}$，两边取行列式，得

$$|\boldsymbol{A}||\boldsymbol{A}^{-1}|=|\boldsymbol{E}|=1,$$

故 $|\boldsymbol{A}|\neq 0$.

对于 $\boldsymbol{A}$、$\boldsymbol{A}^{*}$、$\boldsymbol{A}^{-1}$，有下列结论成立：

(1) $\boldsymbol{A}\boldsymbol{A}^{*}=|\boldsymbol{A}|\boldsymbol{E}$;

(2) $|\boldsymbol{A}\boldsymbol{A}^{*}|=|\boldsymbol{A}|^{n}$;

(3) $|\boldsymbol{A}^{*}|=|\boldsymbol{A}|^{n-1}$;

(4) $\boldsymbol{A}^{-1}=\frac{1}{|\boldsymbol{A}|}\boldsymbol{A}^{*}$;

(5) $|\boldsymbol{A}^{-1}|=\frac{1}{|\boldsymbol{A}|}$.

定理 2.1 不仅给出了矩阵可逆的充分必要条件，而且提供了一种利用伴随矩阵求逆矩阵的方法.

例 2.18 判断矩阵 $\boldsymbol{A}=\begin{pmatrix}1&2\\0&3\end{pmatrix}$ 是否可逆？若可逆，求其逆矩阵.

解：因为 $|\boldsymbol{A}|=\begin{vmatrix}1&2\\0&3\end{vmatrix}=3\neq 0$，所以 $\boldsymbol{A}$ 可逆．又因为 $|\boldsymbol{A}|=|(a_{ij})_{2\times 2}|$ 的各元素 a_{ij} 的代数余子式为

$$A_{11}=(-1)^{1+1}|3|=3,\ A_{21}=(-1)^{2+1}|2|=-2,$$
$$A_{12}=(-1)^{1+2}|0|=0,\ A_{22}=(-1)^{2+2}|1|=1,$$

于是

$$\boldsymbol{A}^{*}=\begin{pmatrix}A_{11}&A_{21}\\A_{12}&A_{22}\end{pmatrix}=\begin{pmatrix}3&-2\\0&1\end{pmatrix},$$

从而

$$\boldsymbol{A}^{-1}=\frac{1}{|\boldsymbol{A}|}\boldsymbol{A}^{*}=\frac{1}{3}\begin{pmatrix}3&-2\\0&1\end{pmatrix}=\begin{pmatrix}1&-\frac{2}{3}\\0&\frac{1}{3}\end{pmatrix}.$$

一般地，三角矩阵的逆矩阵仍是一个同样类型的三角矩阵.

例 2.19 判断矩阵 $\boldsymbol{A}=\begin{pmatrix}3&2&1\\1&1&1\\1&0&1\end{pmatrix}$ 是否可逆？若可逆，求其逆矩阵.

解：因为 $|\boldsymbol{A}|=2\neq 0$，所以 $\boldsymbol{A}$ 可逆. 又因为 $|\boldsymbol{A}|=|(a_{ij})_{3\times 3}|$ 的各元素 a_{ij} 的代数余子式为

$$A_{11}=(-1)^{1+1}\begin{vmatrix}1&1\\0&1\end{vmatrix}=1,\ A_{21}=(-1)^{2+1}\begin{vmatrix}2&1\\0&1\end{vmatrix}=-2,\ A_{31}=(-1)^{3+1}\begin{vmatrix}2&1\\1&1\end{vmatrix}=1,$$

$$A_{12}=(-1)^{1+2}\begin{vmatrix}1&1\\1&1\end{vmatrix}=0,\ A_{22}=(-1)^{2+2}\begin{vmatrix}3&1\\1&1\end{vmatrix}=2,\ A_{32}=(-1)^{3+2}\begin{vmatrix}3&1\\1&1\end{vmatrix}=-2,$$

$$A_{13}=(-1)^{1+3}\begin{vmatrix}1&1\\1&0\end{vmatrix}=-1,\ A_{23}=(-1)^{2+3}\begin{vmatrix}3&2\\1&0\end{vmatrix}=2,\ A_{33}=(-1)^{3+3}\begin{vmatrix}3&2\\1&1\end{vmatrix}=1,$$

于是

$$\boldsymbol{A}^*=\begin{pmatrix}1&-2&1\\0&2&-2\\-1&2&1\end{pmatrix},$$

故

$$\boldsymbol{A}^{-1}=\frac{1}{|\boldsymbol{A}|}\boldsymbol{A}^*=\frac{1}{2}\begin{pmatrix}1&-2&1\\0&2&-2\\-1&2&1\end{pmatrix}=\begin{pmatrix}\frac{1}{2}&-1&\frac{1}{2}\\0&1&-1\\-\frac{1}{2}&1&\frac{1}{2}\end{pmatrix}.$$

例 2.20　设 n 阶方阵 $\boldsymbol{A}$ 满足方程 $\boldsymbol{A}^2+3\boldsymbol{A}-2\boldsymbol{E}=\boldsymbol{O}$，证明 $\boldsymbol{A}$ 可逆，并求 $\boldsymbol{A}^{-1}$.

证明：由 $\boldsymbol{A}^2+3\boldsymbol{A}-2\boldsymbol{E}=\boldsymbol{O}$ 得 $\boldsymbol{A}(\boldsymbol{A}+3\boldsymbol{E})=2\boldsymbol{E}$，两边取行列式，得

$$|\boldsymbol{A}|\cdot|\boldsymbol{A}+3\boldsymbol{E}|=|2\boldsymbol{E}|=2^n\neq 0,$$

于是 $|\boldsymbol{A}|\neq 0$，因此 $\boldsymbol{A}$ 可逆. 且由 $\boldsymbol{A}(\boldsymbol{A}+3\boldsymbol{E})=2\boldsymbol{E}$，得

$$\boldsymbol{A}\cdot\frac{1}{2}(\boldsymbol{A}+3\boldsymbol{E})=\boldsymbol{E},$$

即

$$\boldsymbol{A}^{-1}=\frac{1}{2}(\boldsymbol{A}+3\boldsymbol{E}).$$

例 2.21　设矩阵 $\boldsymbol{X}$ 满足 $\boldsymbol{XA}=\boldsymbol{B}$，其中 $\boldsymbol{A}=\begin{pmatrix}1&1&-1\\-2&1&1\\1&1&1\end{pmatrix}$，$\boldsymbol{B}=\begin{pmatrix}1&-1&1\\0&3&1\end{pmatrix}$，求矩阵 $\boldsymbol{X}$.

解：因为 $|\boldsymbol{A}|=\begin{vmatrix}1&1&-1\\-2&1&1\\1&1&1\end{vmatrix}=6\neq 0$，所以 $\boldsymbol{A}$ 可逆，且

$A_{11}=0$，$A_{21}=-2$，$A_{31}=2$，$A_{12}=3$，$A_{22}=2$，$A_{32}=1$，$A_{13}=-3$，$A_{23}=0$，$A_{33}=3$，
因此

$$\boldsymbol{A}^{-1}=\frac{1}{|\boldsymbol{A}|}\boldsymbol{A}^*=\frac{1}{6}\begin{pmatrix}0&-2&2\\3&2&1\\-3&0&3\end{pmatrix},$$

将 $\boldsymbol{A}^{-1}$ 右乘矩阵方程 $\boldsymbol{XA}=\boldsymbol{B}$ 两边，得

$$X=BA^{-1}=\begin{pmatrix}1&-1&1\\0&3&1\end{pmatrix}\cdot\frac{1}{6}\begin{pmatrix}0&-2&2\\3&2&1\\-3&0&3\end{pmatrix}=\begin{pmatrix}-1&-\frac{2}{3}&\frac{2}{3}\\1&1&1\end{pmatrix}.$$

第四节　分块矩阵

在对行数和列数较大的矩阵进行运算时，采用下面介绍的矩阵的“分块”方法，将大矩阵的运算化为若干个小矩阵的运算，可以使运算更加简单明了，这是矩阵运算中的一个重要技巧.

一、分块矩阵的概念

将矩阵 A 用若干条纵线和横线分成许多个小矩阵，每一个小矩阵称为 A 的**子块**，由这些子块作为元素组成的矩阵称为**分块矩阵**.

例如，矩阵

$$A=\left(\begin{array}{cc:cc}1&0&0&0\\0&1&0&0\\\hdashline-1&2&1&0\\1&1&0&1\end{array}\right)=\begin{pmatrix}E_2&O\\A_1&E_2\end{pmatrix},$$

其中，E_2 表示二阶单位矩阵，而 $A_1=\begin{pmatrix}-1&2\\1&1\end{pmatrix}$，$O=\begin{pmatrix}0&0\\0&0\end{pmatrix}$，$E_2$、$A_1$ 和 O 都是 A 的子块．对于同一个矩阵，根据其特点及不同的需求，可将其进行不同的分块．上述矩阵还可以有如下分法

$$(1)\left(\begin{array}{c:ccc}1&0&0&0\\\hdashline0&1&0&0\\-1&2&1&0\\1&1&0&1\end{array}\right),\quad(2)\left(\begin{array}{cc:cc}1&0&0&0\\0&1&0&0\\-1&2&1&0\\\hdashline1&1&0&1\end{array}\right),\quad(3)\left(\begin{array}{c:cc:c}1&0&0&0\\0&1&0&0\\\hdashline-1&2&1&0\\1&1&0&1\end{array}\right).$$

分法(1)、(2)和(3)可分别记为

$$A=\begin{pmatrix}A_{11}&A_{12}\\A_{21}&A_{22}\end{pmatrix},\ A=\begin{pmatrix}B_{11}&B_{12}\\B_{21}&B_{22}\end{pmatrix}\ 和\ A=\begin{pmatrix}C_{11}&C_{12}&C_{13}\\C_{21}&C_{22}&C_{23}\end{pmatrix}.$$

二、分块矩阵的计算

在对分块矩阵进行运算时，可将子块看作矩阵的元素，利用矩阵的运算法则进行运算.

1. 分块矩阵的加法

设 A 和 B 都是 $m\times n$ 矩阵，并且以相同方式分块

$$A=\begin{pmatrix}A_{11}&A_{12}&\cdots&A_{1q}\\A_{21}&A_{22}&\cdots&A_{2q}\\\vdots&\vdots&&\vdots\\A_{p1}&A_{p2}&\cdots&A_{pq}\end{pmatrix},\ B=\begin{pmatrix}B_{11}&B_{12}&\cdots&B_{1q}\\B_{21}&B_{22}&\cdots&B_{2q}\\\vdots&\vdots&&\vdots\\B_{p1}&B_{p2}&\cdots&B_{pq}\end{pmatrix},$$

其中 $\boldsymbol{A}_{ij}$ 与 $\boldsymbol{B}_{ij}$ 的行、列数相同（$i=1, 2, \cdots, p$；$j=1, 2, \cdots, q$），则

$$\boldsymbol{A}+\boldsymbol{B}=\begin{pmatrix}\boldsymbol{A}_{11}+\boldsymbol{B}_{11} & \boldsymbol{A}_{12}+\boldsymbol{B}_{12} & \cdots & \boldsymbol{A}_{1q}+\boldsymbol{B}_{1q}\\ \boldsymbol{A}_{21}+\boldsymbol{B}_{21} & \boldsymbol{A}_{22}+\boldsymbol{B}_{22} & \cdots & \boldsymbol{A}_{2q}+\boldsymbol{B}_{2q}\\ \vdots & \vdots & & \vdots\\ \boldsymbol{A}_{p1}+\boldsymbol{B}_{p1} & \boldsymbol{A}_{p2}+\boldsymbol{B}_{p2} & \cdots & \boldsymbol{A}_{pq}+\boldsymbol{B}_{pq}\end{pmatrix}.$$

2. 数与分块矩阵相乘

设 $\boldsymbol{A}$ 是一个分块矩阵，λ 为一个实数，则

$$\lambda\boldsymbol{A}=\lambda\begin{pmatrix}\boldsymbol{A}_{11} & \boldsymbol{A}_{12} & \cdots & \boldsymbol{A}_{1q}\\ \boldsymbol{A}_{21} & \boldsymbol{A}_{22} & \cdots & \boldsymbol{A}_{2q}\\ \vdots & \vdots & & \vdots\\ \boldsymbol{A}_{p1} & \boldsymbol{A}_{p2} & \cdots & \boldsymbol{A}_{pq}\end{pmatrix}=\begin{pmatrix}\lambda\boldsymbol{A}_{11} & \lambda\boldsymbol{A}_{12} & \cdots & \lambda\boldsymbol{A}_{1q}\\ \lambda\boldsymbol{A}_{21} & \lambda\boldsymbol{A}_{22} & \cdots & \lambda\boldsymbol{A}_{2q}\\ \vdots & \vdots & & \vdots\\ \lambda\boldsymbol{A}_{p1} & \lambda\boldsymbol{A}_{p2} & \cdots & \lambda\boldsymbol{A}_{pq}\end{pmatrix}.$$

3. 分块矩阵的乘法

设 $\boldsymbol{A}$ 是 $m\times s$ 矩阵，$\boldsymbol{B}$ 是 $s\times n$ 矩阵，将 $\boldsymbol{A}$ 与 $\boldsymbol{B}$ 分块，使 $\boldsymbol{A}$ 的列的分法与 $\boldsymbol{B}$ 的行的分法一致，得

$$\boldsymbol{A}=\begin{pmatrix}\boldsymbol{A}_{11} & \boldsymbol{A}_{12} & \cdots & \boldsymbol{A}_{1q}\\ \boldsymbol{A}_{21} & \boldsymbol{A}_{22} & \cdots & \boldsymbol{A}_{2q}\\ \vdots & \vdots & & \vdots\\ \boldsymbol{A}_{p1} & \boldsymbol{A}_{p2} & \cdots & \boldsymbol{A}_{pq}\end{pmatrix}, \quad \boldsymbol{B}=\begin{pmatrix}\boldsymbol{B}_{11} & \boldsymbol{B}_{12} & \cdots & \boldsymbol{B}_{1r}\\ \boldsymbol{B}_{21} & \boldsymbol{B}_{22} & \cdots & \boldsymbol{B}_{2r}\\ \vdots & \vdots & & \vdots\\ \boldsymbol{B}_{q1} & \boldsymbol{B}_{q2} & \cdots & \boldsymbol{B}_{qr}\end{pmatrix},$$

其中 $\boldsymbol{A}_{11}, \boldsymbol{A}_{12}, \cdots, \boldsymbol{A}_{1q}$ 的列数分别与 $\boldsymbol{B}_{11}, \boldsymbol{B}_{21}, \cdots, \boldsymbol{B}_{q1}$ 的行数相同，则

$$\boldsymbol{AB}=\begin{pmatrix}\boldsymbol{C}_{11} & \boldsymbol{C}_{12} & \cdots & \boldsymbol{C}_{1r}\\ \boldsymbol{C}_{21} & \boldsymbol{C}_{22} & \cdots & \boldsymbol{C}_{2r}\\ \vdots & \vdots & & \vdots\\ \boldsymbol{C}_{p1} & \boldsymbol{C}_{p2} & \cdots & \boldsymbol{C}_{pr}\end{pmatrix},$$

其中

$$\boldsymbol{C}_{ij}=\sum_{k=1}^{q}\boldsymbol{A}_{ik}\boldsymbol{B}_{kj}\quad(i=1, 2, \cdots, p;\ j=1, 2, \cdots, r).$$

例 2.22　设 $\boldsymbol{A}=\begin{pmatrix}1 & 0 & 0 & 0\\ 0 & 1 & 0 & 0\\ -1 & 2 & 1 & 0\\ 1 & 1 & 0 & 1\end{pmatrix}$，$\boldsymbol{B}=\begin{pmatrix}1 & 0 & 1 & 0\\ -1 & 2 & 0 & 1\\ 1 & 0 & 4 & 1\\ -1 & -1 & 2 & 0\end{pmatrix}$，求 $\boldsymbol{AB}$.

解：将 $\boldsymbol{A}$、$\boldsymbol{B}$ 分块为

$$\boldsymbol{A}=\begin{pmatrix}\boldsymbol{E} & \boldsymbol{O}\\ \boldsymbol{A}_1 & \boldsymbol{E}\end{pmatrix}, \quad \boldsymbol{B}=\begin{pmatrix}\boldsymbol{B}_{11} & \boldsymbol{E}\\ \boldsymbol{B}_{21} & \boldsymbol{B}_{22}\end{pmatrix},$$

则

$$\boldsymbol{AB}=\begin{pmatrix}\boldsymbol{E} & \boldsymbol{O}\\ \boldsymbol{A}_1 & \boldsymbol{E}\end{pmatrix}\cdot\begin{pmatrix}\boldsymbol{B}_{11} & \boldsymbol{E}\\ \boldsymbol{B}_{21} & \boldsymbol{B}_{22}\end{pmatrix}=\begin{pmatrix}\boldsymbol{B}_{11} & \boldsymbol{E}\\ \boldsymbol{A}_1\boldsymbol{B}_{11}+\boldsymbol{B}_{21} & \boldsymbol{A}_1+\boldsymbol{B}_{22}\end{pmatrix}.$$

又

$$A_1B_{11}+B_{21}=\begin{pmatrix}-1&2\\1&1\end{pmatrix}\begin{pmatrix}1&0\\-1&2\end{pmatrix}+\begin{pmatrix}1&0\\-1&-1\end{pmatrix}=\begin{pmatrix}-3&4\\0&2\end{pmatrix}+\begin{pmatrix}1&0\\-1&-1\end{pmatrix}=\begin{pmatrix}-2&4\\-1&1\end{pmatrix},$$

$$A_1+B_{22}=\begin{pmatrix}-1&2\\1&1\end{pmatrix}+\begin{pmatrix}4&1\\2&0\end{pmatrix}=\begin{pmatrix}3&3\\3&1\end{pmatrix},$$

于是

$$AB=\begin{pmatrix}B_{11}&E\\A_1B_{11}+B_{21}&A_1+B_{22}\end{pmatrix}=\begin{pmatrix}1&0&1&0\\-1&2&0&1\\-2&4&3&3\\-1&1&3&1\end{pmatrix}.$$

例 2.23 设 $A=\begin{pmatrix}3&2&0&0\\2&1&0&0\\-1&-3&1&8\\5&7&-1&-6\end{pmatrix}$，试用分块矩阵求 A^{-1}.

解： 因为 $|A|\neq 0$，故 A^{-1} 存在．将 A 分块为 $\left(\begin{array}{cc|cc}3&2&0&0\\2&1&0&0\\\hline-1&-3&1&8\\5&7&-1&6\end{array}\right)=\begin{pmatrix}B&O\\C&D\end{pmatrix}$，设

$$A^{-1}=\left(\begin{array}{cc|cc}x_{11}&x_{12}&x_{13}&x_{14}\\x_{21}&x_{22}&x_{23}&x_{24}\\\hline x_{31}&x_{32}&x_{33}&x_{34}\\x_{41}&x_{42}&x_{43}&x_{44}\end{array}\right)=\begin{pmatrix}X_{11}&X_{12}\\X_{21}&X_{22}\end{pmatrix},$$

于是有

$$\begin{pmatrix}B&O\\C&D\end{pmatrix}\begin{pmatrix}X_{11}&X_{12}\\X_{21}&X_{22}\end{pmatrix}=\begin{pmatrix}E_2&O\\O&E_2\end{pmatrix},$$

即

$$\begin{cases}BX_{11}=E_2\\BX_{12}=O\\CX_{11}+DX_{21}=O\\CX_{12}+DX_{22}=E_2\end{cases}\quad 或\quad\begin{cases}X_{11}=B^{-1}\\X_{12}=O\\X_{21}=-D^{-1}CB^{-1}\\X_{22}=D^{-1}\end{cases},$$

所以

$$A^{-1}=\begin{pmatrix}B^{-1}&O\\-D^{-1}CB^{-1}&D^{-1}\end{pmatrix}=\begin{pmatrix}-1&2&0&0\\2&-3&0&0\\21&-23&-3&-4\\-2&2&\frac{1}{2}&\frac{1}{2}\end{pmatrix}.$$

在本例中，若 $C=O$，则 $\begin{pmatrix}B&O\\O&D\end{pmatrix}^{-1}=\begin{pmatrix}B^{-1}&O\\O&D^{-1}\end{pmatrix}$.

4. 分块矩阵的转置

若 $\boldsymbol{A}=\begin{pmatrix}\boldsymbol{A}_{11} & \boldsymbol{A}_{12} & \cdots & \boldsymbol{A}_{1q}\\ \boldsymbol{A}_{21} & \boldsymbol{A}_{22} & \cdots & \boldsymbol{A}_{2q}\\ \vdots & \vdots & & \vdots\\ \boldsymbol{A}_{p1} & \boldsymbol{A}_{p2} & \cdots & \boldsymbol{A}_{pq}\end{pmatrix}$，则 $\boldsymbol{A}^{\mathrm{T}}=\begin{pmatrix}\boldsymbol{A}_{11}^{\mathrm{T}} & \boldsymbol{A}_{21}^{\mathrm{T}} & \cdots & \boldsymbol{A}_{p1}^{\mathrm{T}}\\ \boldsymbol{A}_{12}^{\mathrm{T}} & \boldsymbol{A}_{22}^{\mathrm{T}} & \cdots & \boldsymbol{A}_{p2}^{\mathrm{T}}\\ \vdots & \vdots & & \vdots\\ \boldsymbol{A}_{1q}^{\mathrm{T}} & \boldsymbol{A}_{2q}^{\mathrm{T}} & \cdots & \boldsymbol{A}_{pq}^{\mathrm{T}}\end{pmatrix}$.

若 n 阶矩阵 $\boldsymbol{A}$ 的分块形式为

$$\boldsymbol{A}=\begin{pmatrix}\boldsymbol{A}_1 & \boldsymbol{O} & \cdots & \boldsymbol{O}\\ \boldsymbol{O} & \boldsymbol{A}_2 & \cdots & \boldsymbol{O}\\ \vdots & \vdots & & \vdots\\ \boldsymbol{O} & \boldsymbol{O} & \cdots & \boldsymbol{A}_s\end{pmatrix},$$

其中，$\boldsymbol{A}_i(i=1,\ 2,\ \cdots,\ s)$ 都是方阵，则称 $\boldsymbol{A}$ 为**分块对角矩阵**.

分块对角矩阵的行列式具有下述性质：

$$|\boldsymbol{A}|=|\boldsymbol{A}_1||\boldsymbol{A}_2|\cdots|\boldsymbol{A}_s|.$$

若 $\boldsymbol{A}_i$ 都可逆，则 $\boldsymbol{A}$ 也可逆，且

$$\boldsymbol{A}^{-1}=\begin{pmatrix}\boldsymbol{A}_1^{-1} & \boldsymbol{O} & \cdots & \boldsymbol{O}\\ \boldsymbol{O} & \boldsymbol{A}_2^{-1} & \cdots & \boldsymbol{O}\\ \vdots & \vdots & & \vdots\\ \boldsymbol{O} & \boldsymbol{O} & \cdots & \boldsymbol{A}_s^{-1}\end{pmatrix}.$$

第五节　矩阵的初等变换

一、矩阵的初等变换的概念与性质

矩阵的初等变换是一种非常重要的运算，在求解线性方程组、研究矩阵理论时起着重要作用. 本节将介绍矩阵的初等变换，并介绍用初等变换求逆矩阵的方法 .

定义 2.10　下面 3 种变换称为**矩阵的初等行变换**：

(1) 对调两行(对调 i、j 两行，记作 $r_i \leftrightarrow r_j$)；

(2) 以数 $k\neq 0$ 乘以某一行中的所有元素(第 i 行乘以 k，记作 $r_i\times k$)；

(3) 把某一行中所有元素的 k 倍加到另一行对应的元素上(第 j 行的 k 倍加到第 i 行上，记作 r_i+kr_j).

把定义中的“行”换成“列”，即得矩阵的初等列变换的定义(把“ r ”换成“ c ”).

矩阵的初等行变换与初等列变换统称为**矩阵的初等变换**.

显然，矩阵的 3 种初等变换都是可逆的，且其逆变换是同一类型的初等变换：

$r_i\leftrightarrow r_j$ 的逆变换为 $r_j\leftrightarrow r_i$；

$r_i \times k$ 的逆变换为 $r_i \times \left(\frac{1}{k}\right)$，也可记作 $(r_i \div k)$；

$r_i + kr_j$ 的逆变换为 $r_i + (-k)r_j$，也可记作 $r_i - kr_j$.

定义 2.11 如果矩阵 $\boldsymbol{A}$ 经有限次初等变换变成矩阵 $\boldsymbol{B}$，就称**矩阵 $\boldsymbol{A}$ 与矩阵 $\boldsymbol{B}$ 等价**，记作 $\boldsymbol{A} \to \boldsymbol{B}$（或 $\boldsymbol{A} \sim \boldsymbol{B}$）.

矩阵之间的等价关系具有如下性质.

(1) 反身性：$A \to A$.

(2) 对称性：若 $A \to B$，则 $B \to A$.

(3) 传递性：若 $A \to B$，$B \to C$，则 $A \to C$.

定义 2.12 若一个矩阵具有如下特征，则称该矩阵为行阶梯形矩阵：

(1) 零行（即元素全为 0 的行）位于全部非零行的下方（如果存在非零行）；

(2) 非零行的首个非零元（即位于最左边的非零元）的列下标随其行下标的递增而严格递增.

定义 2.13 若一个行阶梯形矩阵具有如下特征，则称该矩阵为行最简形矩阵：

(1) 非零行的首个非零元为 1；

(2) 非零行的首个非零元所在列的其余元素均为 0.

定理 2.2 任何非零矩阵 $\boldsymbol{A}_{m\times n}$ 总是可经过有限次的初等行变换，变为行阶梯形矩阵和行最简形矩阵.

利用初等行变换把一个矩阵化为行阶梯形矩阵和行最简形矩阵，是一种很重要的运算.

对行最简形矩阵施以初等列变换，可将其变成一种形状更简单的矩阵 $\boldsymbol{I}$，称为标准形. 其特点是：$\boldsymbol{I}$ 的左上角是一个单位矩阵，其余元素全为 0.

定理 2.3 任何非零矩阵 $\boldsymbol{A}_{m\times n}$ 总是可经过有限次的初等变换变为标准形，即

$$\boldsymbol{A} \to \cdots \to \boldsymbol{I} = \begin{pmatrix} \boldsymbol{E}_r & \boldsymbol{O} \\ \boldsymbol{O} & \boldsymbol{O} \end{pmatrix}_{m\times n}.$$

矩阵的标准形由 m、n、r 这 3 个数完全确定，其中 r 就是行阶梯形矩阵中非零行的行数. 所有与 $\boldsymbol{A}$ 等价的矩阵组成的一个集合称为一个等价类，标准形 $\boldsymbol{I}$ 就是这个等价类中形状最简单的矩阵. 当 $\boldsymbol{A} \to \boldsymbol{B}$ 时，$\boldsymbol{A}$ 与 $\boldsymbol{B}$ 具有相同的标准形.

特别地，当 $\boldsymbol{A}$ 为 n 阶可逆方阵时，$\boldsymbol{A}$ 的标准形为 $\boldsymbol{E}$，即 $\boldsymbol{A} \to \boldsymbol{E}$.

二、初等矩阵

矩阵的初等变换与矩阵的乘法有着密切的关系，这种关系可以通过初等矩阵来反映.

定义 2.14 由单位矩阵 $\boldsymbol{E}$ 经过一次初等变换得到的矩阵称为**初等矩阵**.

矩阵的 3 种初等变换对应着 3 种初等矩阵.

1. 对调两行或对调两列

把单位矩阵中第 i、j 两行对调 $(r_i \leftrightarrow r_j)$，得初等矩阵

$$E(i,\ j)=\begin{pmatrix}1&&&&&&&&&\\&\ddots&&&&&&&&\\&&1&&&&&&&\\&&&0&&\cdots&&1&&\\&&&&1&&&&&\\&&&\vdots&&\ddots&&\vdots&&\\&&&&&&1&&&\\&&&1&&\cdots&&0&&\\&&&&&&&&1&\\&&&&&&&&&\ddots\\&&&&&&&&&&1\end{pmatrix}\begin{matrix}\\\\\\\leftarrow \text{第}\,i\,\text{行}\\\\\\\\\leftarrow \text{第}\,j\,\text{行}\\\\\\\\\end{matrix}.$$

用 m 阶初等矩阵 $\boldsymbol{E}_m(i,\ j)$ 左乘矩阵 $\boldsymbol{A}=(a_{ij})_{m\times n}$，得

$$\boldsymbol{E}_m(i,\ j)\boldsymbol{A}=\begin{pmatrix}a_{11}&a_{12}&\cdots&a_{1n}\\\vdots&\vdots&&\vdots\\a_{j1}&a_{j2}&\cdots&a_{jn}\\\vdots&\vdots&&\vdots\\a_{i1}&a_{i2}&\cdots&a_{in}\\\vdots&\vdots&&\vdots\\a_{m1}&a_{m2}&\cdots&a_{mn}\end{pmatrix}\begin{matrix}\\\\\leftarrow \text{第}\,i\,\text{行}\\\\\leftarrow \text{第}\,j\,\text{行}\\\\\\\end{matrix}.$$

其结果相当于对矩阵 $\boldsymbol{A}$ 施行第 1 种初等行变换：把 $\boldsymbol{A}$ 的第 i 行与第 j 行对调 $(r_i\leftrightarrow r_j)$. 类似地，以 n 阶初等矩阵 $\boldsymbol{E}_n(i,\ j)$ 右乘矩阵 $\boldsymbol{A}$，其结果相当于对矩阵 $\boldsymbol{A}$ 施行第 1 种初等列变换：把 $\boldsymbol{A}$ 的第 i 列与第 j 列对调 $(c_i\leftrightarrow c_j)$.

2. *以数 $k\neq 0$ 乘以某一行(列)*

以数 $k\neq 0$ 乘以单位矩阵的第 i 行($r_i\times k$)，得初等矩阵

$$\boldsymbol{E}_m(i(k))=\begin{pmatrix}1&&&&&&\\&\ddots&&&&&\\&&1&&&&\\&&&k&&&\\&&&&1&&\\&&&&&\ddots&\\&&&&&&1\end{pmatrix}\begin{matrix}\\\\\\\leftarrow \text{第}\,i\,\text{行}.\\\\\\\\\end{matrix}$$

可以验知：以 $\boldsymbol{E}_m(i(k))$ 左乘矩阵 $\boldsymbol{A}$，其结果相当于以数 k 乘以 $\boldsymbol{A}$ 的第 i 行($r_i\times k$)；以 $\boldsymbol{E}_n(i(k))$ 右乘矩阵 $\boldsymbol{A}$，其结果相当于以数 k 乘以 $\boldsymbol{A}$ 的第 i 列($c_i\times k$).

3. *以数 $k\neq 0$ 乘以某一行(列)加到另一行(列)上*

以数 $k\neq 0$ 乘以 $\boldsymbol{E}$ 的第 j 行然后加到第 i 行上(r_i+kr_j)[或以数 $k\neq 0$ 乘以 $\boldsymbol{E}$ 的第 i 列然后加到第 j 列上(c_j+kc_i)]，得初等矩阵

$$E(i,\ j(k))=\begin{pmatrix}1 & & & & & & \\ & \ddots & & & & & \\ & & 1 & \cdots & k & & \\ & & & \ddots & \vdots & & \\ & & & & 1 & & \\ & & & & & \ddots & \\ & & & & & & 1\end{pmatrix}\begin{matrix} \\ \\ \leftarrow 第 i 行 \\ \\ \leftarrow 第 j 行 \\ \\ \\ \end{matrix}.$$

可以验知：以 $\boldsymbol{E}_m(i,\ j(k))$ 左乘矩阵 $\boldsymbol{A}$，其结果相当于把 $\boldsymbol{A}$ 的第 j 行乘以 k 加到第 i 行上（r_i+kr_j）；以 $\boldsymbol{E}_n(i,\ j(k))$ 右乘矩阵 $\boldsymbol{A}$，其结果相当于把 $\boldsymbol{A}$ 的第 i 列乘以 k 加到第 j 列上（c_j+kc_i）.

综上所述，可得下述定理.

定理 2.4　设 $\boldsymbol{A}$ 是一个 $m\times n$ 矩阵. 对 $\boldsymbol{A}$ 施行一次初等行变换，相当于在 $\boldsymbol{A}$ 的左边乘以相应的 m 阶初等矩阵；对 $\boldsymbol{A}$ 施行一次初等列变换，相当于在 $\boldsymbol{A}$ 的右边乘以相应的 n 阶初等矩阵.

初等变换对应初等矩阵，由初等变换可逆，可知初等矩阵可逆，且此初等变换的逆变换也就对应此初等矩阵的逆矩阵：由变换 $r_i\leftrightarrow r_j$ 的逆变换就是其本身，知 $\boldsymbol{E}(i,\ j)^{-1}=\boldsymbol{E}(i,\ j)$；由变换 $r_i\times k$ 的逆变换为 $r_i\times\dfrac{1}{k}$，知 $\boldsymbol{E}(i(k))^{-1}=\boldsymbol{E}\left(i\left(\dfrac{1}{k}\right)\right)$；由变换 r_i+kr_j 的逆变换为 $r_i+(-k)r_j$，知 $\boldsymbol{E}(i,\ j(k))^{-1}=\boldsymbol{E}(i,\ j(-k))$.

定理 2.5　设 $\boldsymbol{A}$ 为可逆矩阵，则存在有限个初等矩阵 $\boldsymbol{P}_1,\ \boldsymbol{P}_2,\ \cdots,\ \boldsymbol{P}_l$，使 $\boldsymbol{A}=\boldsymbol{P}_1\boldsymbol{P}_2\cdots\boldsymbol{P}_l$.

证明：因 $\boldsymbol{A}$ 为可逆矩阵，则 $\boldsymbol{A}\to\boldsymbol{E}$，故 $\boldsymbol{E}$ 经有限次初等变换可变成 $\boldsymbol{A}$，也就是存在有限个初等矩阵 $\boldsymbol{P}_1,\ \boldsymbol{P}_2,\ \cdots,\ \boldsymbol{P}_l$，使

$$\boldsymbol{P}_1\boldsymbol{P}_2\cdots\boldsymbol{P}_r\boldsymbol{E}\boldsymbol{P}_{r+1}\cdots\boldsymbol{P}_l=\boldsymbol{A},$$

即 $\boldsymbol{A}=\boldsymbol{P}_1\boldsymbol{P}_2\cdots\boldsymbol{P}_l$.

推论 2.1　$m\times n$ 矩阵 $\boldsymbol{A}\to\boldsymbol{B}$ 的充分必要条件是：存在 m 阶可逆矩阵 $\boldsymbol{P}$ 及 n 阶可逆矩阵 $\boldsymbol{Q}$，使 $\boldsymbol{PAQ}=\boldsymbol{B}$.

三、用初等行变换求矩阵的逆

根据定理 2.5，还可得一种求逆矩阵的方法：当 $|\boldsymbol{A}|\neq 0$ 时，由 $\boldsymbol{A}=\boldsymbol{P}_1\boldsymbol{P}_2\cdots\boldsymbol{P}_l$，有

$$\boldsymbol{P}_l^{-1}\boldsymbol{P}_{l-1}^{-1}\cdots\boldsymbol{P}_1^{-1}\boldsymbol{A}=\boldsymbol{E}\tag{2.2}$$

及

$$\boldsymbol{P}_l^{-1}\boldsymbol{P}_{l-1}^{-1}\cdots\boldsymbol{P}_1^{-1}\boldsymbol{E}=\boldsymbol{A}^{-1}\tag{2.3}$$

式(2.2)表明，$\boldsymbol{A}$ 经一系列初等行变换可变成 $\boldsymbol{E}$；式(2.3)表明，$\boldsymbol{E}$ 经这同一系列初等行变换即变成 $\boldsymbol{A}^{-1}$. 利用分块矩阵形式，式(2.2)和式(2.3)可合并为

$$\boldsymbol{P}_l^{-1}\boldsymbol{P}_{l-1}^{-1}\cdots\boldsymbol{P}_1^{-1}(\boldsymbol{A}\mid\boldsymbol{E})=(\boldsymbol{E}\mid\boldsymbol{A}^{-1}).$$

因此，得到一个求解逆矩阵的简便方法，具体步骤如下.

(1) 构造 $n\times 2n$ 矩阵 $(\boldsymbol{A}\mid\boldsymbol{E})$.

(2) 对 $(\boldsymbol{A}\mid\boldsymbol{E})$ 连续施行初等行变换，直至左边的子块 $\boldsymbol{A}$ 变成 $\boldsymbol{E}$，则此时右边的子块 $\boldsymbol{E}$

就变成 A^{-1}，即

$$(A \mid E) \xrightarrow{\text{初等行变换}} (E \mid A^{-1}).$$

因此，可以利用初等行变换方便地求解逆矩阵.

注意 在用初等行变换求 A 的逆矩阵的过程中，必须始终做初等行变换，期间不能做任何的列变换.

例 2.24 设 $A=\begin{pmatrix}1&2&3\\2&2&1\\3&4&3\end{pmatrix}$，求 A^{-1}.

解：$(A \mid E)=\begin{pmatrix}1&2&3&1&0&0\\2&2&1&0&1&0\\3&4&3&0&0&1\end{pmatrix}\xrightarrow[r_3-3r_1]{r_2-2r_1}\begin{pmatrix}1&2&3&1&0&0\\0&-2&-5&-2&1&0\\0&-2&-6&-3&0&1\end{pmatrix}$

$$\xrightarrow[r_3-r_2]{r_1+r_2}\begin{pmatrix}1&0&-2&-1&1&0\\0&-2&-5&-2&1&0\\0&0&-1&-1&-1&1\end{pmatrix}$$

$$\xrightarrow[r_2-5r_3]{r_1-2r_3}\begin{pmatrix}1&0&0&1&3&-2\\0&-2&0&3&6&-5\\0&0&-1&-1&-1&1\end{pmatrix}$$

$$\xrightarrow[r_3\div(-1)]{r_2\div(-2)}\begin{pmatrix}1&0&0&1&3&-2\\0&1&0&-3/2&-3&5/2\\0&0&1&1&1&-1\end{pmatrix},$$

所以 $A^{-1}=\begin{pmatrix}1&3&-2\\-3/2&-3&5/2\\1&1&-1\end{pmatrix}$.

类似于利用初等行变换求解逆矩阵，下面介绍一种利用初等行变换求解特殊矩阵方程 $AX=B$ 的方法.

设 A 为 n 阶可逆方阵，B 为 $n\times m$ 矩阵，若 A 可逆，则在方程 $AX=B$ 的两边左乘 A^{-1}，得

$$X=A^{-1}B.$$

根据定理 2.5，可构造分块矩阵对 $(A \mid B)$，对 $(A \mid B)$ 连续施行初等行变换，直至左边的子块 A 变成 E，则此时右边的子块 B 就变成 $A^{-1}B$

$$(A \mid B) \xrightarrow{\text{初等行变换}} (E \mid A^{-1}B).$$

例 2.25 求解矩阵方程 $AX=A+X$，其中 $A=\begin{pmatrix}2&2&0\\2&1&3\\0&1&0\end{pmatrix}$.

解：把所给方程变形为 $(A-E)X=A$，则 $X=(A-E)^{-1}A$. 因为

$(A-E \mid A)=\begin{pmatrix}1&2&0&2&2&0\\2&0&3&2&1&3\\0&1&-1&0&1&0\end{pmatrix}\xrightarrow[r_2\leftrightarrow r_3]{r_2-2r_1}\begin{pmatrix}1&2&0&2&2&0\\0&1&-1&0&1&0\\0&-4&3&-2&-3&3\end{pmatrix}$

$$\xrightarrow[r_3\div(-1)]{r_3+4r_2}\begin{pmatrix}1&2&0&2&2&0\\0&1&-1&0&1&0\\0&0&1&2&-1&-3\end{pmatrix}\xrightarrow{r_2+r_3}\begin{pmatrix}1&2&0&2&2&0\\0&1&0&2&0&-3\\0&0&1&2&-1&-3\end{pmatrix}$$

$$\xrightarrow{r_1-2r_2}\begin{pmatrix}1&0&0&-2&2&6\\0&1&0&2&0&-3\\0&0&1&2&-1&-3\end{pmatrix},$$

即得 $\boldsymbol{X}=\begin{pmatrix}-2&2&6\\2&0&-3\\2&-1&-3\end{pmatrix}$.

第六节　矩阵的秩

任意非零矩阵均可经初等行变换变成行阶梯形矩阵．在上一节已经指出，行阶梯形矩阵所含非零行的行数是唯一确定的，这个数实质上就是矩阵的秩．但是，由于这个数的唯一性尚未证明，因此下面给出矩阵的秩的另外一种定义．

定义 2.15　在 $m\times n$ 矩阵 $\boldsymbol{A}$ 中，任取 k 行与 k 列($k\leqslant m$，$k\leqslant n$)，位于这些行列交叉处的 k^2 个元素，不改变它们在矩阵 $\boldsymbol{A}$ 中所处的位置顺序而得到的 k 阶行列式，称为**矩阵 $\boldsymbol{A}$ 的 k 阶子式**.

$m\times n$ 矩阵 $\boldsymbol{A}$ 的 k 阶子式共有 $C_m^k\cdot C_n^k$ 个．

定义 2.16　设在矩阵 $\boldsymbol{A}$ 中有一个不等于 0 的 r 阶子式 D，且所有 $r+1$ 阶子式(如果存在)全等于 0，那么 D 称为矩阵 $\boldsymbol{A}$ 的最高阶非零子式，数 r 称为**矩阵 $\boldsymbol{A}$ 的秩**，记作 $R(\boldsymbol{A})$．并规定零矩阵的秩等于 0.

由行列式的性质可知，若 $\boldsymbol{A}$ 中所有 $r+1$ 阶子式全等于 0，则所有高于 $r+1$ 阶的子式也全等于 0，因此 $\boldsymbol{A}$ 的秩 $R(\boldsymbol{A})$ 就是 $\boldsymbol{A}$ 中不等于 0 的子式的最高阶数.

显然，$\boldsymbol{A}$ 的转置矩阵 $\boldsymbol{A}^{\mathrm{T}}$ 的秩 $R(\boldsymbol{A}^{\mathrm{T}})=R(\boldsymbol{A})$.

例 2.26　设 $\boldsymbol{A}=\begin{pmatrix}3&2&1&1\\1&2&-3&2\\4&4&-2&3\end{pmatrix}$，求 $R(\boldsymbol{A})$.

解：$\boldsymbol{A}$ 的三阶子式有 4 个

$$\begin{vmatrix}3&2&1\\1&2&-3\\4&4&-2\end{vmatrix}=0,\quad\begin{vmatrix}3&2&1\\1&2&2\\4&4&3\end{vmatrix}=0,\quad\begin{vmatrix}3&1&1\\1&-3&2\\4&-2&3\end{vmatrix}=0,\quad\begin{vmatrix}2&1&1\\2&-3&2\\4&-2&3\end{vmatrix}=0,$$

且 $\boldsymbol{A}$ 的一个二阶子式为

$$\boldsymbol{D}=\begin{vmatrix}3&2\\1&2\end{vmatrix}=4\neq0,$$

所以

$$R(\boldsymbol{A})=2.$$

由例 2.26 可知，对于一般的矩阵，当行数与列数较大时，用定义求矩阵的秩是很麻烦的．然而，对于行阶梯形矩阵，它的秩就是非零行的行数，一看便知，无须计算．因此，自然想到用矩阵变换把矩阵变为行阶梯形矩阵．但两个等价矩阵的秩是否相等呢？下面的定理对此做出了肯定的回答.

定理 2.6 若 $\boldsymbol{A} \to \boldsymbol{B}$，则 $R(\boldsymbol{A}) = R(\boldsymbol{B})$.

证明从略.

根据这一定理，为求矩阵的秩，只要把矩阵用初等行变换变成行阶梯形矩阵，行阶梯形矩阵中非零行的行数即为该矩阵的秩.

例 2.27 设 $\boldsymbol{A} = \begin{pmatrix} 3 & 2 & 0 & 5 & 0 \\ 3 & -2 & 3 & 6 & -1 \\ 2 & 0 & 1 & 5 & -3 \\ 1 & 6 & -4 & -1 & 4 \end{pmatrix}$，求 $R(\boldsymbol{A})$.

解：

$$\boldsymbol{A} \xrightarrow{r_1 \leftrightarrow r_4} \begin{pmatrix} 1 & 6 & -4 & -1 & 4 \\ 3 & -2 & 3 & 6 & -1 \\ 2 & 0 & 1 & 5 & -3 \\ 3 & 2 & 0 & 5 & 0 \end{pmatrix} \xrightarrow[\substack{r_3 - 2r_1 \\ r_4 - 3r_1}]{r_2 - 3r_1} \begin{pmatrix} 1 & 6 & -4 & -1 & 4 \\ 0 & -20 & 15 & 9 & -13 \\ 0 & -12 & 9 & 7 & -11 \\ 0 & -16 & 12 & 8 & -12 \end{pmatrix}$$

$$\xrightarrow{r_2 - r_4} \begin{pmatrix} 1 & 6 & -4 & -1 & 4 \\ 0 & -4 & 3 & 1 & -1 \\ 0 & -12 & 9 & 7 & -11 \\ 0 & -16 & 12 & 8 & -12 \end{pmatrix} \xrightarrow[r_4 - 4r_2]{r_3 - 3r_2} \begin{pmatrix} 1 & 6 & -4 & -1 & 4 \\ 0 & -4 & 3 & 1 & -1 \\ 0 & 0 & 0 & 4 & -8 \\ 0 & 0 & 0 & 4 & -8 \end{pmatrix}$$

$$\xrightarrow{r_4 - r_3} \begin{pmatrix} 1 & 6 & -4 & -1 & 4 \\ 0 & -4 & 3 & 1 & -1 \\ 0 & 0 & 0 & 4 & -8 \\ 0 & 0 & 0 & 0 & 0 \end{pmatrix} = \boldsymbol{B}.$$

行阶梯形矩阵 $\boldsymbol{B}$ 有 3 个非零行，$\boldsymbol{A} \to \boldsymbol{B}$，所以知 $R(\boldsymbol{A}) = 3$.

对于 n 阶可逆矩阵 $\boldsymbol{A}$，因为 $|\boldsymbol{A}| \neq 0$，知 $\boldsymbol{A}$ 的最高阶非零子式为 n 阶子式 $|\boldsymbol{A}|$，故 $R(\boldsymbol{A}) = n$，而 $\boldsymbol{A}$ 的标准形为单位矩阵 $\boldsymbol{E}$，即 $\boldsymbol{A} \to \boldsymbol{E}$. 由于可逆矩阵的秩等于矩阵的阶数，故可逆矩阵又称满秩矩阵，而奇异矩阵又称降秩矩阵.

本章小结

矩阵是本书研究的主要对象，也是本书讨论问题的主要工具．因此，本章所述矩阵的概念及其运算都是最基本的，读者应切实掌握．矩阵的线性运算(即矩阵的加法和数乘)是容易掌握的，需要重点关注的是矩阵的乘法和逆矩阵的概念．矩阵的乘法除需熟练掌握外，还需理解它不满足交换律及消去律，明了由此特性带来的不同于实数的乘法的运算规则．要理解逆矩阵的概念，熟悉矩阵可逆的条件，知道伴随矩阵的性质及利用伴随矩阵求逆矩阵的公式．知道分块矩阵的概念，着重了解按列分块矩阵和按行分块矩阵的运算规则，对于利用分块法简化矩阵运算的技巧则不必追究.

课程思政

通过在学习矩阵的过程中引入思政元素，可以培养爱国主义精神、数学文化素养和思想道德品质.

应用意识. 矩阵作为数学工具，具有高度的抽象性，且应用极其广泛. 通过了解矩阵在科学、工程学、经济学等领域中的应用，可以认识到数学与实际生活的紧密联系，激发学习数学的兴趣和热情.

科学思维与严谨态度. 在学习矩阵的运算规则时，可以认识到遵守规则的重要性．例如，矩阵的乘法需要满足特定的运算规则，不遵守规则会导致错误的结果．这可以类比到日常生活中，遵守规则是保证社会秩序和公平的基础.

数学文化与民族自豪感. 通过了解一些中国数学史上的矩阵研究成就，例如古代数学家刘徽、祖冲之等在矩阵方面的重要贡献，可以增强民族自豪感和自信心，激发为国家的繁荣发展做出贡献的信念.

数学建模思想. 通过学习矩阵在解决实际问题中的应用案例，可以认识到数学建模和数据分析在决策中的作用．例如，可以使用矩阵方法分析经济数据、环境监测数据等，从而为政策的制定提供科学依据．这可以培养科学思维和数据分析能力.

合作与团队意识. 在学习过程中，需要通过团队合作、互相学习的方式解决问题。矩阵是一个相对较难的数学概念，在学习过程中可能会遇到困难。通过小组讨论、互相帮助的方式，可以培养团队合作精神和互助精神，也可以提高学习效果和自信心.

通过以上思政元素的融入，不仅可以培养数学素养和思维能力，还可以帮助树立正确的价值观和世界观，为将来的发展打下坚实的基础.

习题二

1. 计算下列矩阵.

(1) $\begin{pmatrix} 1 & 6 & 4 \\ -4 & 2 & 8 \end{pmatrix} + \begin{pmatrix} -2 & 0 & 1 \\ 2 & -3 & 4 \end{pmatrix}$；　(2) $\begin{pmatrix} 1 & 2 \\ 0 & 1 \end{pmatrix} - \begin{pmatrix} 2 & -2 \\ 0 & 3 \end{pmatrix}$.

2. 设 $\boldsymbol{A} = \begin{pmatrix} 1 & 2 & 1 & 2 \\ 2 & 1 & 2 & 1 \\ 1 & 2 & 3 & 4 \end{pmatrix}$，$\boldsymbol{B} = \begin{pmatrix} 4 & 3 & 2 & 1 \\ -2 & 1 & -2 & 1 \\ 0 & -1 & 0 & -1 \end{pmatrix}$.

(1) 求 $3\boldsymbol{A} - \boldsymbol{B}$.

(2) 求 $2\boldsymbol{A} + 3\boldsymbol{B}$.

(3) 若 $\boldsymbol{X}$ 满足 $\boldsymbol{A} + \boldsymbol{X} = \boldsymbol{B}$，求 $\boldsymbol{X}$.

(4) 若 $\boldsymbol{Y}$ 满足 $(2\boldsymbol{A} - \boldsymbol{Y}) + 2(\boldsymbol{B} - \boldsymbol{Y}) = \boldsymbol{O}$，求 $\boldsymbol{Y}$.

3. 计算下列矩阵的乘积.

(1) $\begin{pmatrix} 3 & -2 \\ 5 & -4 \end{pmatrix}\begin{pmatrix} 3 & 4 \\ 2 & 5 \end{pmatrix}$；　(2) $\begin{pmatrix} 1 & 2 & 3 \\ -2 & 1 & 2 \end{pmatrix}\begin{pmatrix} 1 & 2 & 0 \\ 0 & 1 & 1 \\ 3 & 0 & -1 \end{pmatrix}$；

(3) $\begin{pmatrix} 4 & 3 & 1 \\ 1 & -2 & 3 \\ 5 & 7 & 0 \end{pmatrix}\begin{pmatrix} 7 \\ 2 \\ 1 \end{pmatrix}$；　(4) $\begin{pmatrix} 2 & 1 & 4 & 0 \\ 1 & -1 & 3 & 4 \end{pmatrix}\begin{pmatrix} 1 & 3 & 1 \\ 0 & -1 & 2 \\ 1 & -3 & 1 \\ 4 & 0 & -2 \end{pmatrix}$.

4. 设 $\boldsymbol{A} = \begin{pmatrix} 1 & 1 & 1 \\ 1 & 1 & -1 \\ 1 & -1 & 1 \end{pmatrix}$，$\boldsymbol{B} = \begin{pmatrix} 1 & 2 & 3 \\ -1 & -2 & 4 \\ 0 & 5 & 1 \end{pmatrix}$，求 $3\boldsymbol{AB} - 2\boldsymbol{A}$ 及 $\boldsymbol{A}^{\mathrm{T}}\boldsymbol{B}$.

5. 设 $\boldsymbol{A}=\begin{pmatrix}2 & 1\\ -4 & -2\end{pmatrix}$，$\boldsymbol{B}=\begin{pmatrix}3 & -1\\ -6 & 2\end{pmatrix}$，求 $\boldsymbol{AB}$、$\boldsymbol{BA}$、$\boldsymbol{A}^2$.

6. 证明：

(1) 对任意的 $m\times n$ 矩阵 $\boldsymbol{A}$，$\boldsymbol{AA}^{\mathrm{T}}$、$\boldsymbol{A}^{\mathrm{T}}\boldsymbol{A}$ 都是对称矩阵；

(2) 对任意的 n 阶方阵 $\boldsymbol{A}$，$\boldsymbol{A}+\boldsymbol{A}^{\mathrm{T}}$ 是对称矩阵，$\boldsymbol{A}-\boldsymbol{A}^{\mathrm{T}}$ 是反对称矩阵.

7. 判断下列矩阵是否可逆，若可逆，用伴随矩阵求其逆矩阵.

(1) $\begin{pmatrix}1 & 3\\ 2 & 4\end{pmatrix}$；　　(2) $\begin{pmatrix}0 & 2 & -1\\ 1 & 1 & 2\\ -1 & -1 & -1\end{pmatrix}$.

8. 解下列矩阵方程.

(1) $\begin{pmatrix}2 & 5\\ 1 & 3\end{pmatrix}\boldsymbol{X}=\begin{pmatrix}4 & -6\\ 2 & 1\end{pmatrix}$；

(2) $\boldsymbol{X}\begin{pmatrix}2 & 1 & -1\\ 2 & 1 & 0\\ 1 & -1 & 1\end{pmatrix}=\begin{pmatrix}1 & -1 & 3\\ 4 & 3 & 2\end{pmatrix}$；

(3) $\begin{pmatrix}1 & 4\\ -1 & 2\end{pmatrix}\boldsymbol{X}\begin{pmatrix}2 & 0\\ -1 & 1\end{pmatrix}=\begin{pmatrix}3 & 1\\ 0 & -1\end{pmatrix}$；

(4) $\begin{pmatrix}0 & 1 & 0\\ 1 & 0 & 0\\ 0 & 0 & 1\end{pmatrix}\boldsymbol{X}\begin{pmatrix}1 & 0 & 0\\ 0 & 0 & 1\\ 0 & 1 & 0\end{pmatrix}=\begin{pmatrix}1 & -4 & 3\\ 2 & 0 & -1\\ 1 & -2 & 0\end{pmatrix}$.

9. 已知 $\boldsymbol{X}=\boldsymbol{XA}+\boldsymbol{B}$，其中 $\boldsymbol{A}=\begin{pmatrix}1 & 1\\ 1 & 1\end{pmatrix}$，$\boldsymbol{B}=\begin{pmatrix}1 & 2\\ 3 & 4\end{pmatrix}$，求 $\boldsymbol{X}$.

10. 解矩阵方程 $\boldsymbol{AX}=\boldsymbol{B}+2\boldsymbol{X}$，其中 $\boldsymbol{A}=\begin{pmatrix}4 & 2 & 3\\ 1 & 1 & 0\\ -1 & 2 & 3\end{pmatrix}$，$\boldsymbol{B}=\begin{pmatrix}2 & 1\\ 2 & 0\\ 3 & 5\end{pmatrix}$.

11. 设有矩阵

$$\boldsymbol{A}=\begin{pmatrix}2 & 0 & 0 & 0\\ 0 & 2 & 0 & 0\\ 0 & 0 & 5 & 2\\ 0 & 0 & 2 & 1\end{pmatrix},\ \boldsymbol{B}=\begin{pmatrix}2 & -1 & 1 & 0\\ -3 & 3 & 0 & 1\\ 0 & 0 & 3 & 4\\ 0 & 0 & 0 & -1\end{pmatrix},$$

求(1) $\boldsymbol{AB}$；(2) $\boldsymbol{A}^{-1}$；(3) $\boldsymbol{B}^{-1}$.

12. 利用初等行变换，将下列矩阵化为行最简形矩阵.

(1) $\begin{pmatrix}1 & 0 & 2 & -1\\ 2 & 0 & 3 & 1\\ 3 & 0 & 4 & 3\end{pmatrix}$；　　(2) $\begin{pmatrix}25 & 31 & 17 & 43\\ 75 & 94 & 53 & 132\\ 75 & 94 & 54 & 134\\ 25 & 32 & 20 & 48\end{pmatrix}$；

(3) $\begin{pmatrix}3 & 0 & -5 & 1 & -2\\ 2 & 0 & 3 & -5 & 1\\ -1 & 0 & 7 & -4 & 3\\ 4 & 0 & 15 & -7 & 9\end{pmatrix}$；　　(4) $\begin{pmatrix}1 & 1 & 1 & 1 & -7\\ 1 & 0 & 3 & -1 & 8\\ 1 & 2 & -1 & 1 & 0\\ 3 & 3 & 3 & 2 & -11\\ 2 & 2 & 2 & 1 & -4\end{pmatrix}$.

13. 利用初等变换,求下列矩阵的秩.

(1) $\begin{pmatrix}1 & 2 & 3 & 4\\1 & -2 & 4 & 5\\1 & 10 & 1 & 2\end{pmatrix}$; (2) $\begin{pmatrix}3 & 1 & 0 & 2\\1 & -1 & 2 & -1\\1 & 3 & -4 & 4\end{pmatrix}$;

(3) $\begin{pmatrix}1 & -3 & 4 & 5\\2 & -2 & 7 & 9\\3 & 3 & 9 & 12\end{pmatrix}$; (4) $\begin{pmatrix}1 & 0 & 0 & 1 & 4\\0 & 1 & 0 & 2 & 5\\0 & 0 & 1 & 3 & 6\\1 & 2 & 3 & 14 & 32\\4 & 5 & 6 & 32 & 77\end{pmatrix}$.

14. 利用初等行变换,求下列矩阵的逆矩阵.

(1) $\begin{pmatrix}0 & 1 & 1\\2 & 1 & 1\\0 & 0 & 1\end{pmatrix}$; (2) $\begin{pmatrix}1 & 5 & 2\\0 & 3 & 10\\1 & 2 & 1\end{pmatrix}$;

(3) $\begin{pmatrix}1 & 2 & 3 & 4\\0 & 1 & 2 & 3\\0 & 0 & 1 & 2\\0 & 0 & 0 & 1\end{pmatrix}$; (4) $\begin{pmatrix}1 & 1 & 0 & 0\\1 & 2 & 0 & 0\\3 & 7 & 2 & 3\\2 & 5 & 1 & 2\end{pmatrix}$.

15. 解下列矩阵方程.

(1) $\begin{pmatrix}2 & 5\\1 & 3\end{pmatrix}\boldsymbol{X}=\begin{pmatrix}4 & -6\\2 & 1\end{pmatrix}$; (2) $\begin{pmatrix}1 & 1 & -1\\0 & 2 & 2\\1 & -1 & 0\end{pmatrix}\boldsymbol{X}=\begin{pmatrix}1 & -1 & 1\\1 & 1 & 0\\2 & 1 & 4\end{pmatrix}$;

(3) $\begin{pmatrix}1 & 1 & -1\\-2 & 1 & 1\\1 & 1 & 1\end{pmatrix}\boldsymbol{X}=\begin{pmatrix}2\\3\\6\end{pmatrix}$; (4) $\begin{pmatrix}1 & 2 & 0\\4 & -2 & -1\\-3 & 1 & 2\end{pmatrix}\boldsymbol{X}=\begin{pmatrix}0 & 4\\6 & 5\\1 & -3\end{pmatrix}$.

第三章 向量组和线性方程组

在经济、管理及工程技术实践中，存在着大量多个变量和多个约束条件的问题．这类问题往往可以归结为求解一个线性方程组．前面讨论了系数行列式不为 0 的 n 个变量、n 个方程的线性方程组的求解问题，但其显然存在明显的局限性．本章将利用消元法引入线性方程组的解、向量的概念，利用线性方程组的解来研究向量间的线性关系和性质，并以向量为工具，讨论求解一般线性方程组的方法，还将探讨线性方程组解的结构．为此，本章将引入向量空间的概念，从新的视角认识线性方程组及其求解，并为学习后面的章节和进一步的数学课程奠定基础.

第一节　消元法

下面求解线性方程组

$$\begin{cases} 2x_1 + 5x_2 + x_3 = 0 & ① \\ x_1 + x_2 - x_3 = 1 & ② \\ 4x_1 + 7x_2 - x_3 = 2 & ③ \end{cases}. \tag{3.1}$$

首先对调方程组(3.1)中的式①和式②，得

$$\begin{cases} x_1 + x_2 - x_3 = 1 & ④ \\ 2x_1 + 5x_2 + x_3 = 0 & ⑤ \\ 4x_1 + 7x_2 - x_3 = 2 & ③ \end{cases}. \tag{3.2}$$

然后用−2 乘以式④加到式⑤上，用−4 乘以式④加到式③上，得

$$\begin{cases} x_1 + x_2 - x_3 = 1 & ④ \\ 3x_2 + 3x_3 = -2 & ⑥ \\ 3x_2 + 3x_3 = -2 & ⑦ \end{cases}. \tag{3.3}$$

将式⑦减去式⑥，得

$$\begin{cases} x_1 + x_2 - x_3 = 1 & ④ \\ 3x_2 + 3x_3 = -2 & ⑥ \\ 0 = 0 & ⑧ \end{cases}. \tag{3.4}$$

再将式⑥左、右两端同除以 3，得

$$\begin{cases} x_1 + x_2 - x_3 = 1 & ④ \\ \quad x_2 + x_3 = -\dfrac{2}{3} & ⑨ \\ \quad\quad 0 = 0 & ⑧ \end{cases}. \tag{3.5}$$

将式④减去式⑨，得

$$\begin{cases} x_1 - 2x_3 = \dfrac{5}{3} \\ x_2 + \quad x_3 = -\dfrac{2}{3} \\ \quad 0 = 0 \end{cases}. \tag{3.6}$$

上述方程组(3.1)~(3.6)是同解方程组．由方程组(3.6)可以看出，这是一个含有 3 个未知量、两个有效方程的方程组，应有一个自由未知量．由于方程组(3.6)呈阶梯形，因此可把每个台阶的第 1 个未知量(x_1，x_2)选为非自由未知量，剩下的 x_3 选为自由未知量．这样，只需用"回代"的方法便能求出线性方程组的解

$$\begin{cases} x_1 = 2x_3 + \dfrac{5}{3} \\ x_2 = -x_3 - \dfrac{2}{3} \end{cases},$$

其中，x_3 可任意取值．令 $x_3 = c$，则方程组的解可记作

$$\boldsymbol{x} = \begin{pmatrix} x_1 \\ x_2 \\ x_3 \end{pmatrix} = \begin{pmatrix} 2c + \dfrac{5}{3} \\ -c - \dfrac{2}{3} \\ c \end{pmatrix},$$

即

$$\boldsymbol{x} = c\begin{pmatrix} 2 \\ -1 \\ 1 \end{pmatrix} + \begin{pmatrix} \dfrac{5}{3} \\ -\dfrac{2}{3} \\ 0 \end{pmatrix},$$

其中，c 为任意常数.

在上述消元过程中，始终把方程组看作一个整体，即不是着眼于某一个方程的变形，而是着眼于整个方程组变成另一个方程组．对方程组实行如下 3 种变换，即

(1)交换两个方程的位置；

(2)以一个不等于 0 的数乘以某一个方程；

(3)一个方程加上另一个方程的 k 倍.

变换前的方程组与变换后的方程组是同解的，这 3 种变换都是方程组的同解变换，所以最后求得的解是方程组(3.1)的全部解.

在上述变换过程中，实际上只对方程组中未知量的系数和常数进行运算，未知量并未参与运算．因此，若记

$$\overline{A}=(A\mid b)=\begin{pmatrix}2&5&1&0\\1&1&-1&1\\4&7&-1&2\end{pmatrix}$$

为方程组(3.1)的**增广矩阵**，则上述对方程组的变换完全可以转换为对矩阵 $\overline{A}$ 的变换.

利用系数矩阵 A 及增广矩阵 $\overline{A}$ 的秩，可方便地讨论线性方程组 $Ax=b$ 的解.

定理 3.1 n 元齐次线性方程组 $A_{m\times n}x=0$ 有非零解的充分必要条件是系数矩阵的秩 $R(A)<n$.

推论 3.1 齐次线性方程组 $A_{m\times n}x=0$ 中，当 $m<n$（即方程个数小于未知量个数）时，方程组一定有非零解.

定理 3.2 n 元非齐次线性方程组 $A_{m\times n}x=b$ 有解的充分必要条件是系数矩阵 A 的秩等于增广矩阵 $\overline{A}=(A\mid b)$ 的秩.

证明：必要性 设方程组 $Ax=b$ 有解，要证 $R(A)=R(\overline{A})$. 用反证法，设 $R(A)<R(\overline{A})$，则 $\overline{A}$ 的行阶梯形矩阵中最后一个非零行对应矛盾方程 $0=1$，这与方程组有解矛盾，因此 $R(A)=R(\overline{A})$.

充分性 设 $R(A)=R(\overline{A})$，要证方程组有解. 把 $\overline{A}$ 化为行阶梯形矩阵，设 $R(A)=R(\overline{A})=r(r\leqslant n)$，则 $\overline{A}$ 的行阶梯形矩阵中含有 r 个非零行，把这 r 行的第 1 个非零元所对应的未知量作为非自由未知量，其余 $n-r$ 个未知量作为自由未知量，并令 $n-r$ 个自由未知量全取 0，即可得到方程组的一个解.

实际上，当 $R(A)=R(\overline{A})=n$ 时，方程组没有自由未知量，只有唯一解. 当 $R(A)=R(\overline{A})=r<n$ 时，方程组有 $n-r$ 个自由未知量，令它们分别等于 $c_1, c_2, \cdots, c_{n-r}$，可得含 $n-r$ 个参数 $c_1, c_2, \cdots, c_{n-r}$ 的解，这些参数可任意取值，因此这时方程组有无限多个解，这个含 $n-r$ 个参数的解可表示方程组的任意解，因此这个解称为**线性方程组的通解**.

对于齐次线性方程组，只需把它的系数矩阵化成行最简形矩阵，便能写出它的通解. 对于非齐次线性方程组，只需把它的增广矩阵化成行阶梯形矩阵，便能根据定理 3.2 判断它是否有解；在有解时，把增广矩阵进一步化成行最简形矩阵，便能写出它的通解.

例 3.1 求解齐次线性方程组 $\begin{cases}x_1+2x_2+2x_3+x_4=0\\2x_1+x_2-2x_3-2x_4=0\\x_1-x_2-4x_3-3x_4=0\end{cases}$.

解： $A=\begin{pmatrix}1&2&2&1\\2&1&-2&-2\\1&-1&-4&-3\end{pmatrix}\xrightarrow[r_3-r_1]{r_2-2r_1}\begin{pmatrix}1&2&2&1\\0&-3&-6&-4\\0&-3&-6&-4\end{pmatrix}\xrightarrow[r_2\div(-3)]{r_3-r_2}\begin{pmatrix}1&2&2&1\\0&1&2&\dfrac{4}{3}\\0&0&0&0\end{pmatrix}$

$\xrightarrow{r_1-2r_2}\begin{pmatrix}1&0&-2&-5/3\\0&1&2&4/3\\0&0&0&0\end{pmatrix}$,

即得与原方程组同解的方程组

$$\begin{cases} x_1 - 2x_3 - \dfrac{5}{3}x_4 = 0 \\ x_2 + 2x_3 + \dfrac{4}{3}x_4 = 0 \end{cases},$$

由此可得

$$\begin{cases} x_1 = 2x_3 + \dfrac{5}{3}x_4 \\ x_2 = -2x_3 - \dfrac{4}{3}x_4 \end{cases} \quad (x_3、x_4\text{ 可取任意值}).$$

令 $x_3 = c_1$，$x_4 = c_2$，则得到方程组的解为

$$\begin{cases} x_1 = 2c_1 + \dfrac{5}{3}c_2 \\ x_2 = -2c_1 - \dfrac{4}{3}c_2 \\ x_3 = c_1 \\ x_4 = c_2 \end{cases} \quad (c_1、c_2\text{ 为任意实数}),$$

亦可写成

$$\begin{pmatrix} x_1 \\ x_2 \\ x_3 \\ x_4 \end{pmatrix} = \begin{pmatrix} 2c_1 + \dfrac{5}{3}c_2 \\ -2c_1 - \dfrac{4}{3}c_2 \\ c_1 \\ c_2 \end{pmatrix} = \begin{pmatrix} 2 \\ -2 \\ 1 \\ 0 \end{pmatrix} c_1 + \begin{pmatrix} \dfrac{5}{3} \\ -\dfrac{4}{3} \\ 0 \\ 1 \end{pmatrix} c_2.$$

例 3.2 求解非齐次线性方程组 $\begin{cases} x_1 - 2x_2 + 3x_3 - x_4 = 1 \\ 3x_1 - x_2 + 5x_3 - 3x_4 = 2 \\ 2x_1 + x_2 + 2x_3 - 2x_4 = 3 \end{cases}$.

解： $\overline{\boldsymbol{A}} = \left(\begin{array}{cccc:c} 1 & -2 & 3 & -1 & 1 \\ 3 & -1 & 5 & -3 & 2 \\ 2 & 1 & 2 & -2 & 3 \end{array}\right) \xrightarrow[r_3 - 2r_1]{r_2 - 3r_1} \left(\begin{array}{cccc:c} 1 & -2 & 3 & -1 & 1 \\ 0 & 5 & -4 & 0 & -1 \\ 0 & 5 & -4 & 0 & 1 \end{array}\right)$

$$\xrightarrow{r_3 - r_2} \left(\begin{array}{cccc:c} 1 & -2 & 3 & -1 & 1 \\ 0 & 5 & -4 & 0 & -1 \\ 0 & 0 & 0 & 0 & 2 \end{array}\right),$$

即得与原方程组同解的方程组

$$\begin{cases} x_1 - 2x_2 + 3x_3 - x_4 = 1 \\ 5x_2 - 4x_3 = -\dfrac{1}{2} \\ 0 = 2 \end{cases},$$

同解方程组中含有矛盾方程 $0 = 2$，故原方程组无解.

实质上，$R(\boldsymbol{A}) = 2$，$R(\overline{\boldsymbol{A}}) = 3$，$R(\boldsymbol{A}) < R(\overline{\boldsymbol{A}})$，由定理 3.2 即可判定方程组无解.

例 3.3　求解非齐次线性方程组 $\begin{cases} -3x_1-3x_2+14x_3+29x_4=-16 \\ x_1+x_2+4x_3-x_4=1 \\ -x_1-x_2+2x_3+7x_4=-4 \end{cases}$.

解： $$\overline{A}=\left(\begin{array}{cccc|c} -3 & -3 & 14 & 29 & -16 \\ 1 & 1 & 4 & -1 & 1 \\ -1 & -1 & 2 & 7 & -4 \end{array}\right) \xrightarrow{r_1\leftrightarrow r_2} \left(\begin{array}{cccc|c} 1 & 1 & 4 & -1 & 1 \\ -3 & -3 & 14 & 29 & -16 \\ -1 & -1 & 2 & 7 & -4 \end{array}\right)$$

$$\xrightarrow[r_3+r_1]{r_2+3r_1} \left(\begin{array}{cccc|c} 1 & 1 & 4 & -1 & 1 \\ 0 & 0 & 26 & 26 & -13 \\ 0 & 0 & 6 & 6 & -3 \end{array}\right) \xrightarrow{r_2\div 26} \left(\begin{array}{cccc|c} 1 & 1 & 4 & -1 & 1 \\ 0 & 0 & 1 & 1 & -1/2 \\ 0 & 0 & 6 & 6 & -3 \end{array}\right)$$

$$\xrightarrow{r_3-6r_2} \left(\begin{array}{cccc|c} 1 & 1 & 4 & -1 & 1 \\ 0 & 0 & 1 & 1 & -1/2 \\ 0 & 0 & 0 & 0 & 0 \end{array}\right) \xrightarrow{r_1-4r_2} \left(\begin{array}{cccc|c} 1 & 1 & 0 & -5 & 3 \\ 0 & 0 & 1 & 1 & -1/2 \\ 0 & 0 & 0 & 0 & 0 \end{array}\right),$$

即得与原方程组同解的方程组

$$\begin{cases} x_1+x_2-5x_4=3 \\ x_3+x_4=-\dfrac{1}{2} \end{cases},$$

由此可得

$$\begin{cases} x_1=3-x_2+5x_4 \\ x_3=-\dfrac{1}{2}-x_4 \end{cases} \quad (x_2、x_4 \text{ 可取任意值}).$$

令 $x_2=c_1$，$x_4=c_2$，则得到方程组的解为

$$\begin{cases} x_1=3-c_1+5c_2 \\ x_2=c_1 \\ x_3=-\dfrac{1}{2}-c_2 \\ x_4=c_2 \end{cases} \quad (c_1、c_2 \text{ 为任意实数}),$$

亦可写成

$$\begin{pmatrix} x_1 \\ x_2 \\ x_3 \\ x_4 \end{pmatrix}=\begin{pmatrix} 3-c_1+5c_2 \\ c_1 \\ -\dfrac{1}{2}-c_2 \\ c_2 \end{pmatrix}=\begin{pmatrix} 3 \\ 0 \\ -\dfrac{1}{2} \\ 0 \end{pmatrix}+\begin{pmatrix} -1 \\ 1 \\ 0 \\ 0 \end{pmatrix}c_1+\begin{pmatrix} 5 \\ 0 \\ -1 \\ 1 \end{pmatrix}c_2$$

例 3.4　设有线性方程组 $\begin{cases} (1+\lambda)x_1+x_2+x_3=0 \\ x_1+(1+\lambda)x_2+x_3=3 \\ x_1+x_2+(1+\lambda)x_3=\lambda \end{cases}$，问 λ 取何值时，此方程组：

(1)有唯一解；

(2)无解；

(3)有无限多个解，并在有无限多个解时求其通解.

解：对增广矩阵 $\overline{\boldsymbol{A}}=(\boldsymbol{A}\mid\boldsymbol{b})$ 做初等行变换，把它变为行阶梯形矩阵，有

$$\overline{\boldsymbol{A}}=\left(\begin{array}{ccc|c}1+\lambda & 1 & 1 & 0\\ 1 & 1+\lambda & 1 & 3\\ 1 & 1 & 1+\lambda & \lambda\end{array}\right)\xrightarrow{r_1\leftrightarrow r_3}\left(\begin{array}{ccc|c}1 & 1 & 1+\lambda & \lambda\\ 1 & 1+\lambda & 1 & 3\\ 1+\lambda & 1 & 1 & 0\end{array}\right)$$

$$\xrightarrow[r_3-(1+\lambda)r_1]{r_2-r_1}\left(\begin{array}{ccc|c}1 & 1 & 1+\lambda & \lambda\\ 0 & \lambda & -\lambda & 3-\lambda\\ 0 & -\lambda & -\lambda(2+\lambda) & -\lambda(1+\lambda)\end{array}\right)$$

$$\xrightarrow{r_3+r_2}\left(\begin{array}{ccc|c}1 & 1 & 1+\lambda & \lambda\\ 0 & \lambda & -\lambda & 3-\lambda\\ 0 & 0 & -\lambda(3+\lambda) & (1-\lambda)(3+\lambda)\end{array}\right).$$

(1) 当 $\lambda\neq 0$ 且 $\lambda\neq -3$ 时，$R(\boldsymbol{A})=R(\overline{\boldsymbol{A}})=3$，方程组有唯一解；

(2)当 $\lambda=0$ 时，$R(\boldsymbol{A})=1$，$R(\overline{\boldsymbol{A}})=2$，方程组无解；

(3)当 $\lambda=-3$ 时，$R(\boldsymbol{A})=R(\overline{\boldsymbol{A}})=2$，方程组有无限多个解.

当 $\lambda=-3$ 时，

$$\overline{\boldsymbol{A}}\longrightarrow\begin{pmatrix}1 & 1 & -2 & -3\\ 0 & -3 & 3 & 6\\ 0 & 0 & 0 & 0\end{pmatrix}\longrightarrow\begin{pmatrix}1 & 0 & -1 & -1\\ 0 & 1 & -1 & -2\\ 0 & 0 & 0 & 0\end{pmatrix},$$

由此便得同解方程组

$$\begin{cases}x_1=x_3-1\\ x_2=x_3-2\end{cases}\quad(x_3\text{ 可取任意值}),$$

即

$$\begin{pmatrix}x_1\\ x_2\\ x_3\end{pmatrix}=c\begin{pmatrix}1\\ 1\\ 1\end{pmatrix}+\begin{pmatrix}-1\\ -2\\ 0\end{pmatrix},$$

其中，c 为任意常数.

本例中矩阵 $\overline{\boldsymbol{A}}$ 是一个含参数的矩阵，由于 $\lambda+1$、$\lambda+3$ 等因式可以等于0，故不宜做诸如 $r_2-\dfrac{1}{\lambda+1}r_1$、$r_2\times(\lambda+1)$、$r_3\div(\lambda+3)$ 这样的变换. 若做了这种变换，则需对 $\lambda+1=0$（或 $\lambda+3=0$）的情形另做讨论. 因此，对含参数的矩阵做初等变换较不方便.

第二节　向量组的线性组合

一、n 维向量及其线性运算

在几何中，平面上的向量可以用它的坐标 $(x,\ y)$ 来表示，空间中的向量可以用它的坐标 $(x,\ y,\ z)$ 来表示，平面向量和空间向量分别与二元和三元有序数组对应，由此进一步推广得出 n 维向量的概念.

定义 3.1　由 n 个数 $a_1, a_2, \cdots, a_n$ 组成的一个有序数组称为一个 **n 维向量**，记作

$$(a_1, a_2, \cdots, a_n) \text{ 或 } \begin{pmatrix} a_1 \\ a_2 \\ \vdots \\ a_n \end{pmatrix},$$

前者称为 **n 维行向量**，后者称为 **n 维列向量**（两种表达式的区别只是写法上的不同），a_i 称为该向量的**第 i 个分量**.

向量一般用小写的希腊字母 $\boldsymbol{\alpha}$、$\boldsymbol{\beta}$、$\boldsymbol{\gamma}$…… 表示，其分量用小写的英文字母 a_i、b_i、c_i…… 表示. 例如，可以记 $\boldsymbol{\alpha} = (a_1, a_2, \cdots, a_n)$，$\boldsymbol{\beta} = (b_1, b_2, \cdots, b_n)$ 等.

n 维行向量(列向量)也可以看作 $1 \times n$ 矩阵($n \times 1$ 矩阵). 反之亦然，因此将矩阵的转置的记号用于向量；若 $\boldsymbol{\alpha}$ 为行向量，则 $\boldsymbol{\alpha}^{\mathrm{T}}$ 为列向量；若 $\boldsymbol{\alpha}$ 为列向量，则 $\boldsymbol{\alpha}^{\mathrm{T}}$ 为行向量.

定义 3.2　所有分量都是 0 的向量称为**零向量**，记作

$$\mathbf{0} = (0, 0, \cdots, 0).$$

由 n 维向量 $\boldsymbol{\alpha} = (a_1, a_2, \cdots, a_n)$ 各分量的相反数构成的向量，称为 $\boldsymbol{\alpha}$ 的**负向量**，记作

$$-\boldsymbol{\alpha} = (-a_1, -a_2, \cdots, -a_n).$$

例如 $\boldsymbol{\alpha} = \begin{pmatrix} 1 \\ 0 \\ 2 \end{pmatrix}$，$\boldsymbol{\beta} = (-1, 3, 2, 5)$ 分别为 3 维、4 维的向量. 当向量的分量是实数时，称为**实向量**；当向量的分量是复数时，称为**复向量**. 本章只讨论实向量.

行向量和列向量也就是行矩阵和列矩阵，规定行向量与列向量都按矩阵的运算规则进行运算.

定义 3.3　如果 n 维向量 $\boldsymbol{\alpha} = (a_1, a_2, \cdots, a_n)$ 与 $\boldsymbol{\beta} = (b_1, b_2, \cdots, b_n)$ 对应的分量相等，即 $a_i = b_i (i = 1, 2, \cdots, n)$，则称这两个**向量相等**，记作 $\boldsymbol{\alpha} = \boldsymbol{\beta}$.

定义 3.4　n 维向量 $\boldsymbol{\alpha} = (a_1, a_2, \cdots, a_n)$ 与 $\boldsymbol{\beta} = (b_1, b_2, \cdots, b_n)$ 的**和**为

$$\boldsymbol{\gamma} = \boldsymbol{\alpha} + \boldsymbol{\beta} = (a_1 + b_1, a_2 + b_2, \cdots, a_n + b_n),$$

利用负向量可以定义向量的减法

$$\boldsymbol{\alpha} - \boldsymbol{\beta} = \boldsymbol{\alpha} + (-\boldsymbol{\beta}) = (a_1 - b_1, a_2 - b_2, \cdots, a_n - b_n).$$

定义 3.5　设 k 为常数，数 k 与向量 $\boldsymbol{\alpha} = (a_1, a_2, \cdots, a_n)$ 的**乘积**记作 $k\boldsymbol{\alpha}$，即

$$k\boldsymbol{\alpha} = (ka_1, ka_2, \cdots, ka_n).$$

向量加法和数乘运算统称为**向量的线性运算**.

向量的线性运算满足下列运算律：

(1) $\boldsymbol{\alpha} + \boldsymbol{\beta} = \boldsymbol{\beta} + \boldsymbol{\alpha}$；

(2) $\boldsymbol{\alpha} + (\boldsymbol{\beta} + \boldsymbol{\gamma}) = (\boldsymbol{\alpha} + \boldsymbol{\beta}) + \boldsymbol{\gamma}$；

(3) $\boldsymbol{\alpha}+\mathbf{0}=\boldsymbol{\alpha}$;

(4) $\boldsymbol{\alpha}+(-\boldsymbol{\alpha})=\mathbf{0}$;

(5) $k(\boldsymbol{\alpha}+\boldsymbol{\beta})=k\boldsymbol{\alpha}+k\boldsymbol{\beta}$;

(6) $(k+l)\boldsymbol{\alpha}=k\boldsymbol{\alpha}+l\boldsymbol{\alpha}$;

(7) $(kl)\boldsymbol{\alpha}=k(l\boldsymbol{\alpha})$;

(8) $1\times\boldsymbol{\alpha}=\boldsymbol{\alpha}$.

其中，$\boldsymbol{\alpha}$、$\boldsymbol{\beta}$、$\boldsymbol{\gamma}$ 是 n 维向量，$\mathbf{0}$ 是零向量，k 和 l 为任意常数.

例 3.5 设 $\boldsymbol{\alpha}_1=(2,\ -4,\ 1,\ -1)^{\mathrm{T}}$，$\boldsymbol{\alpha}_2=\left(-3,\ -1,\ 2,\ -\frac{5}{2}\right)^{\mathrm{T}}$，如果向量满足 $3\boldsymbol{\alpha}_1-2(\boldsymbol{\beta}+\boldsymbol{\alpha}_2)=\mathbf{0}$，求 $\boldsymbol{\beta}$.

解：由题设条件，有 $3\boldsymbol{\alpha}_1-2\boldsymbol{\beta}-2\boldsymbol{\alpha}_2=\mathbf{0}$，则

$$\begin{aligned}\boldsymbol{\beta}&=-\frac{1}{2}(2\boldsymbol{\alpha}_2-3\boldsymbol{\alpha}_1)=-\boldsymbol{\alpha}_2+\frac{3}{2}\boldsymbol{\alpha}_1\\&=-\left(-3,\ -1,\ 2,\ -\frac{5}{2}\right)^{\mathrm{T}}+\frac{3}{2}(2,\ -4,\ 1,\ -1)^{\mathrm{T}}=\left(6,\ -5,\ -\frac{1}{2},\ 1\right)^{\mathrm{T}}.\end{aligned}$$

一个 $m\times n$ 矩阵

$$\boldsymbol{A}=\begin{pmatrix}a_{11}&a_{12}&\cdots&a_{1n}\\a_{21}&a_{22}&\cdots&a_{2n}\\\vdots&\vdots&&\vdots\\a_{m1}&a_{m2}&\cdots&a_{mn}\end{pmatrix}$$

的每一行(列)都是一个行(列)向量．因此，把 $m\times n$ 矩阵按行(列)分块就是按行(列)向量分块.

设 $\boldsymbol{\beta}_i=(a_{i1},\ a_{i2},\ \cdots,\ a_{in})(i=1,\ 2,\ \cdots,\ m)$ 是 $\boldsymbol{A}$ 的 m 个行向量，把

$$\boldsymbol{A}=\begin{pmatrix}\boldsymbol{\beta}_1\\\boldsymbol{\beta}_2\\\vdots\\\boldsymbol{\beta}_m\end{pmatrix}$$

称为**行向量矩阵**.

设 $\boldsymbol{\alpha}_j=\begin{pmatrix}a_{1j}\\a_{2j}\\\vdots\\a_{mj}\end{pmatrix}(j=1,\ 2,\ \cdots,\ n)$ 是 $\boldsymbol{A}$ 的 n 个列向量，把

$$\boldsymbol{A}=(\boldsymbol{\alpha}_1,\ \boldsymbol{\alpha}_2,\ \cdots,\ \boldsymbol{\alpha}_n)$$

称为**列向量矩阵**.

例 3.6 将线性方程组

$$\begin{cases}a_{11}x_1+a_{12}x_2+\cdots+a_{1n}x_n=b_1\\a_{21}x_1+a_{22}x_2+\cdots+a_{2n}x_n=b_2\\\qquad\vdots\\a_{m1}x_1+a_{m2}x_2+\cdots+a_{mn}x_n=b_m\end{cases}\tag{3.7}$$

表示成不同形式.

解：若系数矩阵 $\boldsymbol{A}=\begin{pmatrix} a_{11} & a_{12} & \cdots & a_{1n} \\ a_{21} & a_{22} & \cdots & a_{2n} \\ \vdots & \vdots & & \vdots \\ a_{m1} & a_{m2} & \cdots & a_{mn} \end{pmatrix}$，$\boldsymbol{b}=\begin{pmatrix} b_1 \\ b_2 \\ \vdots \\ b_m \end{pmatrix}$，$\boldsymbol{x}=\begin{pmatrix} x_1 \\ x_2 \\ \vdots \\ x_n \end{pmatrix}$，则方程组(3.7)可以表示为

$$\boldsymbol{Ax}=\boldsymbol{b}.$$

若用向量 $\boldsymbol{\alpha}_j=\begin{pmatrix} a_{1j} \\ a_{2j} \\ \vdots \\ a_{mj} \end{pmatrix}(j=1, 2, \cdots, n)$ 表示矩阵 $\boldsymbol{A}$ 的列向量，即 $\boldsymbol{A}=(\boldsymbol{\alpha}_1, \boldsymbol{\alpha}_2, \cdots, \boldsymbol{\alpha}_n)$，则方程组(3.1)可以表示为

$$(\boldsymbol{\alpha}_1, \boldsymbol{\alpha}_2, \cdots, \boldsymbol{\alpha}_n)\begin{pmatrix} x_1 \\ x_2 \\ \vdots \\ x_n \end{pmatrix}=\boldsymbol{b},$$

即

$$x_1\boldsymbol{\alpha}_1+x_2\boldsymbol{\alpha}_2+\cdots+x_n\boldsymbol{\alpha}_n=\boldsymbol{b}. \tag{3.8}$$

反之，若有 n 个 m 维列向量 $\boldsymbol{\alpha}_j=\begin{pmatrix} a_{1j} \\ a_{2j} \\ \vdots \\ a_{mj} \end{pmatrix}(j=1, 2, \cdots, n)$ 和 $\boldsymbol{b}=\begin{pmatrix} b_1 \\ b_2 \\ \vdots \\ b_m \end{pmatrix}$ 满足式(3.8)，则由对应的分量相等，可得方程组(3.7)，因此式(3.8)是方程组(3.7)的向量表示形式.

二、向量组的线性组合

定义 3.6 给定向量组 A：$\boldsymbol{\alpha}_1, \boldsymbol{\alpha}_2, \cdots, \boldsymbol{\alpha}_s$，对于任意一组实数 $k_1, k_2, \cdots, k_s$，表达式 $k_1\boldsymbol{\alpha}_1+k_2\boldsymbol{\alpha}_2+\cdots+k_s\boldsymbol{\alpha}_s$ 称为向量组 A 的一个线性组合，$k_1, k_2, \cdots, k_s$ 称为这个线性组合的系数.

定义 3.7 给定向量组 A：$\boldsymbol{\alpha}_1, \boldsymbol{\alpha}_2, \cdots, \boldsymbol{\alpha}_s$ 和向量 $\boldsymbol{\beta}$，若存在一组数 $k_1, k_2, \cdots, k_s$，使

$$\boldsymbol{\beta}=k_1\boldsymbol{\alpha}_1+k_2\boldsymbol{\alpha}_2+\cdots+k_s\boldsymbol{\alpha}_s,$$

则称向量 $\boldsymbol{\beta}$ 为向量组 A 的线性组合，又称向量 $\boldsymbol{\beta}$ 能由向量组 A 线性表示.

设三维向量 $\boldsymbol{\alpha}_1=\begin{pmatrix} 1 \\ 2 \\ 1 \end{pmatrix}$，$\boldsymbol{\alpha}_2=\begin{pmatrix} 0 \\ -1 \\ 1 \end{pmatrix}$，$\boldsymbol{\alpha}_3=\begin{pmatrix} 2 \\ -2 \\ 3 \end{pmatrix}$，$\boldsymbol{\beta}=\begin{pmatrix} 4 \\ 3 \\ 4 \end{pmatrix}$，可以看到 $\boldsymbol{\beta}=2\boldsymbol{\alpha}_1-\boldsymbol{\alpha}_2+\boldsymbol{\alpha}_3$，因此向量 $\boldsymbol{\beta}$ 是向量组 $\boldsymbol{\alpha}_1, \boldsymbol{\alpha}_2, \boldsymbol{\alpha}_3$ 的线性组合.

n 维零向量可以由任意 n 维向量组 $\boldsymbol{\alpha}_1$，$\boldsymbol{\alpha}_2$，…，$\boldsymbol{\alpha}_s$ 线性表示，这是因为

$$\mathbf{0}=0\boldsymbol{\alpha}_1+0\boldsymbol{\alpha}_2+\cdots+0\boldsymbol{\alpha}_s.$$

任意 n 维向量 $\boldsymbol{\alpha}=(a_1,a_2,\cdots,a_n)^{\mathrm{T}}$ 都可以由 n 维基本向量组 $\boldsymbol{e}_1=(1,0,\cdots,0)^{\mathrm{T}}$，$\boldsymbol{e}_2=(0,1,\cdots,0)^{\mathrm{T}}$，…，$\boldsymbol{e}_n=(0,0,\cdots,1)^{\mathrm{T}}$ 线性表示．这是因为

$$\boldsymbol{\alpha}=a_1\boldsymbol{e}_1+a_2\boldsymbol{e}_2+\cdots+a_n\boldsymbol{e}_n.$$

定理 3.3 向量 $\boldsymbol{\beta}=\begin{pmatrix}b_1\\b_2\\\vdots\\b_n\end{pmatrix}$ 可由向量组 $\boldsymbol{\alpha}_1=\begin{pmatrix}a_{11}\\a_{21}\\\vdots\\a_{n1}\end{pmatrix}$，$\boldsymbol{\alpha}_2=\begin{pmatrix}a_{12}\\a_{22}\\\vdots\\a_{n2}\end{pmatrix}$，…，$\boldsymbol{\alpha}_m=\begin{pmatrix}a_{1m}\\a_{2m}\\\vdots\\a_{nm}\end{pmatrix}$ 线性表示的充分必要条件是线性方程组 $\boldsymbol{\beta}=k_1\boldsymbol{\alpha}_1+k_2\boldsymbol{\alpha}_2+\cdots+k_m\boldsymbol{\alpha}_m$ 有解，且该方程组的解为 $x_1=k_1$，$x_2=k_2$，…，$x_m=k_m$ 时，$\boldsymbol{\beta}$ 可由 $\boldsymbol{\alpha}_1$，$\boldsymbol{\alpha}_2$，…，$\boldsymbol{\alpha}_m$ 线性表示为

$$\boldsymbol{\beta}=k_1\boldsymbol{\alpha}_1+k_2\boldsymbol{\alpha}_2+\cdots+k_m\boldsymbol{\alpha}_m.$$

定理 3.4 向量 $\boldsymbol{\beta}$ 能由向量组 $\boldsymbol{A}$：$\boldsymbol{\alpha}_1$，$\boldsymbol{\alpha}_2$，…，$\boldsymbol{\alpha}_m$ 线性表示的充分必要条件是矩阵 $\boldsymbol{A}=(\boldsymbol{\alpha}_1,\boldsymbol{\alpha}_2,\cdots,\boldsymbol{\alpha}_m)$ 的秩等于矩阵 $\boldsymbol{B}=(\boldsymbol{\alpha}_1,\boldsymbol{\alpha}_2,\cdots,\boldsymbol{\alpha}_m,\boldsymbol{\beta})$ 的秩．

定义 3.8 设有两个向量组 $\boldsymbol{A}$：$\boldsymbol{\alpha}_1$，$\boldsymbol{\alpha}_2$，…，$\boldsymbol{\alpha}_s$ 和 $\boldsymbol{B}$：$\boldsymbol{\beta}_1$，$\boldsymbol{\beta}_2$，…，$\boldsymbol{\beta}_t$，若向量组 $\boldsymbol{B}$ 的每一个向量都可以由向量组 $\boldsymbol{A}$ 线性表示，则称**向量组 $\boldsymbol{B}$ 可以由向量组 $\boldsymbol{A}$ 线性表示**.

按定义，若向量组 $\boldsymbol{B}$ 能由向量组 $\boldsymbol{A}$ 线性表示，则存在 k_{1j}，k_{2j}，…，$k_{sj}(j=1,2,\cdots,t)$，使

$$\boldsymbol{\beta}_j=k_{1j}\boldsymbol{\alpha}_1+k_{2j}\boldsymbol{\alpha}_2+\cdots+k_{sj}\boldsymbol{\alpha}_s=(\boldsymbol{\alpha}_1,\boldsymbol{\alpha}_2,\cdots,\boldsymbol{\alpha}_s)\begin{pmatrix}k_{1j}\\k_{2j}\\\vdots\\k_{sj}\end{pmatrix},$$

即

$$(\boldsymbol{\beta}_1,\boldsymbol{\beta}_2,\cdots,\boldsymbol{\beta}_t)=(\boldsymbol{\alpha}_1,\boldsymbol{\alpha}_2,\cdots,\boldsymbol{\alpha}_s)\begin{pmatrix}k_{11}&k_{12}&\cdots&k_{1t}\\k_{21}&k_{22}&\cdots&k_{2t}\\\vdots&\vdots&&\vdots\\k_{s1}&k_{s2}&\cdots&k_{st}\end{pmatrix},$$

矩阵 $\boldsymbol{K}_{s\times t}=(k_{ij})_{s\times t}$ 称为这一**线性表示的系数矩阵**.

定义 3.9 若向量组 $\boldsymbol{A}$ 和向量组 $\boldsymbol{B}$ 可以相互线性表示，则称**向量组 $\boldsymbol{A}$ 和向量组 $\boldsymbol{B}$ 等价**.

定理 3.5 向量组 $\boldsymbol{B}$：$\boldsymbol{\beta}_1$，$\boldsymbol{\beta}_2$，…，$\boldsymbol{\beta}_t$ 能由向量组 $\boldsymbol{A}$：$\boldsymbol{\alpha}_1$，$\boldsymbol{\alpha}_2$，…，$\boldsymbol{\alpha}_m$ 线性表示的充分必要条件是矩阵 $\boldsymbol{A}=(\boldsymbol{\alpha}_1,\boldsymbol{\alpha}_2,\cdots,\boldsymbol{\alpha}_m)$ 的秩等于矩阵 $(\boldsymbol{A},\boldsymbol{B})=(\boldsymbol{\alpha}_1,\boldsymbol{\alpha}_2,\cdots,\boldsymbol{\alpha}_m,\boldsymbol{\beta}_1,\boldsymbol{\beta}_2,\cdots,\boldsymbol{\beta}_t)$ 的秩，即 $R(\boldsymbol{A})=R(\boldsymbol{A},\boldsymbol{B})$.

推论 3.2 向量组 $\boldsymbol{A}$：$\boldsymbol{\alpha}_1$，$\boldsymbol{\alpha}_2$，…，$\boldsymbol{\alpha}_m$ 与向量组 $\boldsymbol{B}$：$\boldsymbol{\beta}_1$，$\boldsymbol{\beta}_2$，…，$\boldsymbol{\beta}_t$ 等价的充分必要条件是 $R(\boldsymbol{A})=R(\boldsymbol{B})=R(\boldsymbol{A},\boldsymbol{B})$，其中 $(\boldsymbol{A},\boldsymbol{B})$ 是向量组 $\boldsymbol{A}$ 和 $\boldsymbol{B}$ 所构成的矩阵.

证明：因向量组 $\boldsymbol{A}$ 和向量组 $\boldsymbol{B}$ 能相互线性表示，依据定理 3.5 知，它们等价的充分必要条件是 $R(\boldsymbol{A})=R(\boldsymbol{A},\boldsymbol{B})$ 且 $R(\boldsymbol{B})=R(\boldsymbol{B},\boldsymbol{A})$，而 $R(\boldsymbol{A},\boldsymbol{B})=R(\boldsymbol{B},\boldsymbol{A})$，因此 $R(\boldsymbol{A})=$

$R(\boldsymbol{B})=R(\boldsymbol{A},\ \boldsymbol{B})$.

定理 3.6　设向量组 $\boldsymbol{B}$：$\boldsymbol{\beta}_1$，$\boldsymbol{\beta}_2$，…，$\boldsymbol{\beta}_t$ 能由向量组 $\boldsymbol{A}$：$\boldsymbol{\alpha}_1$，$\boldsymbol{\alpha}_2$，…，$\boldsymbol{\alpha}_m$ 线性表示，则 $R(\boldsymbol{\beta}_1,\ \boldsymbol{\beta}_2,\ \cdots,\ \boldsymbol{\beta}_t)\leqslant R(\boldsymbol{\alpha}_1,\ \boldsymbol{\alpha}_2,\ \cdots,\ \boldsymbol{\alpha}_m)$.

证明：记 $\boldsymbol{A}=(\boldsymbol{\alpha}_1,\ \boldsymbol{\alpha}_2,\ \cdots,\ \boldsymbol{\alpha}_m)$，$\boldsymbol{B}=(\boldsymbol{\beta}_1,\ \boldsymbol{\beta}_2,\ \cdots,\ \boldsymbol{\beta}_t)$，根据定理 3.5，有 $R(\boldsymbol{A})=R(\boldsymbol{A},\ \boldsymbol{B})$，而 $R(\boldsymbol{B})\leqslant R(\boldsymbol{A},\ \boldsymbol{B})$，因此 $R(\boldsymbol{B})\leqslant R(\boldsymbol{A})$.

第三节　向量组的线性相关性

一、线性相关性的概念

定义 3.10　给定向量组 $\boldsymbol{A}$：$\boldsymbol{\alpha}_1$，$\boldsymbol{\alpha}_2$，…，$\boldsymbol{\alpha}_s$，若存在不全为 0 的数 k_1，k_2，…，k_s，使

$$k_1\boldsymbol{\alpha}_1+k_2\boldsymbol{\alpha}_2+\cdots+k_s\boldsymbol{\alpha}_s=\boldsymbol{0},$$

则称向量组 A **线性相关**，否则称为**线性无关**.

由定义 3.10 可得出以下结论.

(1) 向量组只含有一个向量 $\boldsymbol{\alpha}$ 时，$\boldsymbol{\alpha}$ 线性无关的充分必要条件是 $\boldsymbol{\alpha}\neq\boldsymbol{0}$，因此单个零向量是线性相关的，进一步还可推出包含零向量的任何向量组都是线性相关的. 事实上，对向量组 $\boldsymbol{\alpha}_1$，$\boldsymbol{\alpha}_2$，…，$\boldsymbol{0}$，…，$\boldsymbol{\alpha}_s$ 恒有

$$0\boldsymbol{\alpha}_1+0\boldsymbol{\alpha}_2+\cdots+k\boldsymbol{0}+\cdots+0\boldsymbol{\alpha}_s=\boldsymbol{0},$$

其中 k 可以是任意不为 0 的数，故该向量组线性相关.

(2) 仅含两个向量的二维向量组线性相关的充分必要条件是这两个向量对应的分量成正比，两个向量线性相关的几何意义是这两个向量共线.

(3) 3 个三维向量线性相关的几何意义是这 3 个向量共面.

最后指出，若当且仅当 $k_1=k_2=\cdots=k_s=0$，$k_1\boldsymbol{\alpha}_1+k_2\boldsymbol{\alpha}_2+\cdots+k_s\boldsymbol{\alpha}_s=\boldsymbol{0}$ 才成立，则向量组 $\boldsymbol{\alpha}_1$，$\boldsymbol{\alpha}_2$，…，$\boldsymbol{\alpha}_s$ 是线性无关的，这也是论证向量组线性无关的基本方法.

二、线性相关性的判定

下面给出线性相关性的判定方法.

定理 3.7　向量组 $\boldsymbol{\alpha}_1$，$\boldsymbol{\alpha}_2$，…，$\boldsymbol{\alpha}_s(s\geqslant 2)$ 线性相关的充分必要条件是向量组中至少有一个向量可以由其余 $s-1$ 个向量线性表示.

证明：必要性　由于 $\boldsymbol{\alpha}_1$，$\boldsymbol{\alpha}_2$，…，$\boldsymbol{\alpha}_s$ 线性相关，因此存在一组不全为 0 的数 k_1，k_2，…，k_s，使

$$k_1\boldsymbol{\alpha}_1+k_2\boldsymbol{\alpha}_2+\cdots+k_s\boldsymbol{\alpha}_s=\boldsymbol{0},$$

不妨设 $k_s\neq 0$，将上式改写为

$$-k_s\boldsymbol{\alpha}_s=k_1\boldsymbol{\alpha}_1+k_2\boldsymbol{\alpha}_2+\cdots+k_{s-1}\boldsymbol{\alpha}_{s-1},$$

两端除以 $(-k_s)$ 得

$$\boldsymbol{\alpha}_s=-\frac{k_1}{k_s}\boldsymbol{\alpha}_1-\frac{k_2}{k_s}\boldsymbol{\alpha}_2-\cdots-\frac{k_{s-1}}{k_s}\boldsymbol{\alpha}_{s-1},$$

即至少有 $\boldsymbol{\alpha}_s$ 可由其余 $s-1$ 个向量 $\boldsymbol{\alpha}_1$，$\boldsymbol{\alpha}_2$，…，$\boldsymbol{\alpha}_{s-1}$ 线性表示.

充分性 因为 $\boldsymbol{\alpha}_1$，$\boldsymbol{\alpha}_2$，…，$\boldsymbol{\alpha}_s$ 中至少有一个向量可由其余 $s-1$ 个向量线性表示，因此，不妨设

$$\boldsymbol{\alpha}_s = k_1\boldsymbol{\alpha}_1 + k_2\boldsymbol{\alpha}_2 + \cdots + k_{s-1}\boldsymbol{\alpha}_{s-1},$$

将上式改写为

$$k_1\boldsymbol{\alpha}_1 + k_2\boldsymbol{\alpha}_2 + \cdots + k_{s-1}\boldsymbol{\alpha}_{s-1} - \boldsymbol{\alpha}_s = \boldsymbol{0},$$

由于上式左边的系数 k_1，k_2，…，k_{s-1}，-1 是一组不全为 0 的数，因此 $\boldsymbol{\alpha}_1$，$\boldsymbol{\alpha}_2$，…，$\boldsymbol{\alpha}_s$ 线性相关.

设有列向量组 $\boldsymbol{\alpha}_1$，$\boldsymbol{\alpha}_2$，…，$\boldsymbol{\alpha}_s$ 及由该向量组构成的矩阵 $\boldsymbol{A}=(\boldsymbol{\alpha}_1, \boldsymbol{\alpha}_2, \cdots, \boldsymbol{\alpha}_s)$，则向量组 $\boldsymbol{\alpha}_1$，$\boldsymbol{\alpha}_2$，…，$\boldsymbol{\alpha}_s$ 线性相关就是齐次线性方程组 $x_1\boldsymbol{\alpha}_1 + x_2\boldsymbol{\alpha}_2 + \cdots + x_s\boldsymbol{\alpha}_s = \boldsymbol{0}$，即 $\boldsymbol{Ax}=\boldsymbol{0}$ 有非零解，故可得到如下定理.

定理 3.8 n 维列向量组 $\boldsymbol{\alpha}_1$，$\boldsymbol{\alpha}_2$，…，$\boldsymbol{\alpha}_s$ 线性相关的充分必要条件是矩阵 $\boldsymbol{A}=(\boldsymbol{\alpha}_1, \boldsymbol{\alpha}_2, \cdots, \boldsymbol{\alpha}_s)$ 的秩小于向量的个数 s.

推论 3.3 n 维列向量组 $\boldsymbol{\alpha}_1$，$\boldsymbol{\alpha}_2$，…，$\boldsymbol{\alpha}_s$ 线性无关的充分必要条件是矩阵 $\boldsymbol{A}=(\boldsymbol{\alpha}_1, \boldsymbol{\alpha}_2, \cdots, \boldsymbol{\alpha}_s)$ 的秩等于向量的个数 s.

推论 3.4 n 维列向量组 $\boldsymbol{\alpha}_1$，$\boldsymbol{\alpha}_2$，…，$\boldsymbol{\alpha}_n$ 线性无关（线性相关）的充分必要条件是矩阵 $\boldsymbol{A}=(\boldsymbol{\alpha}_1, \boldsymbol{\alpha}_2, \cdots, \boldsymbol{\alpha}_n)$ 的行列式不等于（等于）0.

上述结论对矩阵的行向量也同样成立.

例 3.7 讨论 n 维基本向量组 $\boldsymbol{e}_1=(1, 0, \cdots, 0)^{\mathrm{T}}$，$\boldsymbol{e}_2=(0, 1, \cdots, 0)^{\mathrm{T}}$，…，$\boldsymbol{e}_n=(0, 0, \cdots, 1)^{\mathrm{T}}$ 的线性相关性.

解： n 维基本向量组构成的矩阵

$$\boldsymbol{E}=(\boldsymbol{e}_1, \boldsymbol{e}_2, \cdots, \boldsymbol{e}_n)=\begin{pmatrix} 1 & 0 & \cdots & 0 \\ 0 & 1 & \cdots & 0 \\ \vdots & \vdots & & \vdots \\ 0 & 0 & \cdots & 1 \end{pmatrix}$$

是 n 阶单位矩阵，由 $|\boldsymbol{E}|=1$，知 $R(\boldsymbol{E})=n$，即 $R(\boldsymbol{E})$ 等于向量组中向量的个数，故由推论 3.3 可知，此向量组是线性无关的.

例 3.8 $\boldsymbol{\alpha}_1=\begin{pmatrix}1\\1\\1\end{pmatrix}$，$\boldsymbol{\alpha}_2=\begin{pmatrix}0\\2\\5\end{pmatrix}$，$\boldsymbol{\alpha}_3=\begin{pmatrix}2\\4\\7\end{pmatrix}$，试讨论向量组 $\boldsymbol{\alpha}_1$、$\boldsymbol{\alpha}_2$、$\boldsymbol{\alpha}_3$ 及向量组 $\boldsymbol{\alpha}_1$、$\boldsymbol{\alpha}_2$ 的线性相关性.

解： 对矩阵 $\boldsymbol{A}=(\boldsymbol{\alpha}_1, \boldsymbol{\alpha}_2, \boldsymbol{\alpha}_3)$ 施行初等行变换，将其化为行阶梯形矩阵，即可同时看出矩阵 $\boldsymbol{A}$ 及 $\boldsymbol{B}=(\boldsymbol{\alpha}_1, \boldsymbol{\alpha}_2)$ 的秩，再由定理 3.8 可得出结论

$$(\boldsymbol{\alpha}_1, \boldsymbol{\alpha}_2, \boldsymbol{\alpha}_3)=\begin{pmatrix} 1 & 0 & 2 \\ 1 & 2 & 4 \\ 1 & 5 & 7 \end{pmatrix} \to \begin{pmatrix} 1 & 0 & 2 \\ 0 & 2 & 2 \\ 0 & 5 & 5 \end{pmatrix} \to \begin{pmatrix} 1 & 0 & 2 \\ 0 & 2 & 2 \\ 0 & 0 & 0 \end{pmatrix},$$

可见 $R(\boldsymbol{A})=2$，$R(\boldsymbol{B})=2$，故向量组 $\boldsymbol{\alpha}_1$、$\boldsymbol{\alpha}_2$、$\boldsymbol{\alpha}_3$ 线性相关，向量组 $\boldsymbol{\alpha}_1$、$\boldsymbol{\alpha}_2$ 线性无关.

定理 3.9 若向量组中有一部分向量（部分组）线性相关，则整个向量组线性相关.

证明： 设向量组 $\boldsymbol{\alpha}_1$，$\boldsymbol{\alpha}_2$，…，$\boldsymbol{\alpha}_s$ 中有 r 个 $(r \leqslant s)$ 向量线性相关，不妨设 $\boldsymbol{\alpha}_1$，$\boldsymbol{\alpha}_2$，…，

$\boldsymbol{\alpha}_r$ 线性相关，则存在不全为 0 的数 $k_1, k_2, \cdots, k_r$，使

$$k_1\boldsymbol{\alpha}_1 + k_2\boldsymbol{\alpha}_2 + \cdots + k_r\boldsymbol{\alpha}_r = \mathbf{0}$$

成立，因而存在一组不全为 0 的数 $k_1, k_2, \cdots, k_r, 0, \cdots, 0$，使

$$k_1\boldsymbol{\alpha}_1 + k_2\boldsymbol{\alpha}_2 + \cdots + k_r\boldsymbol{\alpha}_r + 0\boldsymbol{\alpha}_{r+1} + \cdots + 0\boldsymbol{\alpha}_s = \mathbf{0}$$

成立，即 $\boldsymbol{\alpha}_1, \boldsymbol{\alpha}_2, \cdots, \boldsymbol{\alpha}_s$ 线性相关.

推论 3.5 线性无关的向量组中任意部分组皆线性无关.

定理 3.10 若向量组 $\boldsymbol{\alpha}_1, \boldsymbol{\alpha}_2, \cdots, \boldsymbol{\alpha}_s, \boldsymbol{\beta}$ 线性相关，而向量组 $\boldsymbol{\alpha}_1, \boldsymbol{\alpha}_2, \cdots, \boldsymbol{\alpha}_s$ 线性无关，则向量 $\boldsymbol{\beta}$ 可由 $\boldsymbol{\alpha}_1, \boldsymbol{\alpha}_2, \cdots, \boldsymbol{\alpha}_s$ 线性表示，且表示法唯一.

证明： 先证 $\boldsymbol{\beta}$ 可由 $\boldsymbol{\alpha}_1, \boldsymbol{\alpha}_2, \cdots, \boldsymbol{\alpha}_s$ 线性表示.

因为 $\boldsymbol{\alpha}_1, \boldsymbol{\alpha}_2, \cdots, \boldsymbol{\alpha}_s, \boldsymbol{\beta}$ 线性相关，故存在一组不全为 0 的数 $k_1, k_2, \cdots, k_s, k$，使

$$k_1\boldsymbol{\alpha}_1 + k_2\boldsymbol{\alpha}_2 + \cdots + k_s\boldsymbol{\alpha}_s + k\boldsymbol{\beta} = \mathbf{0}$$

成立．注意到 $\boldsymbol{\alpha}_1, \boldsymbol{\alpha}_2, \cdots, \boldsymbol{\alpha}_s$ 线性无关，易知 $k \neq 0$，因此

$$\boldsymbol{\beta} = -\frac{k_1}{k}\boldsymbol{\alpha}_1 - \frac{k_2}{k}\boldsymbol{\alpha}_2 - \cdots - \frac{k_s}{k}\boldsymbol{\alpha}_s.$$

再用反证法证明表示法的唯一性.

假设 $\boldsymbol{\beta} = h_1\boldsymbol{\alpha}_1 + h_2\boldsymbol{\alpha}_2 + \cdots + h_s\boldsymbol{\alpha}_s$，且 $\boldsymbol{\beta} = l_1\boldsymbol{\alpha}_1 + l_2\boldsymbol{\alpha}_2 + \cdots + l_s\boldsymbol{\alpha}_s$，整理得

$$(h_1 - l_1)\boldsymbol{\alpha}_1 + (h_2 - l_2)\boldsymbol{\alpha}_2 + \cdots + (h_s - l_s)\boldsymbol{\alpha}_s = \mathbf{0},$$

由 $\boldsymbol{\alpha}_1, \boldsymbol{\alpha}_2, \cdots, \boldsymbol{\alpha}_s$ 线性无关，易知 $h_1 = l_1, h_2 = l_2, \cdots, h_s = l_s$，故表示法是唯一的.

定理 3.11 设向量组 $\boldsymbol{A}$：$\boldsymbol{\alpha}_1, \boldsymbol{\alpha}_2, \cdots, \boldsymbol{\alpha}_s$ 和向量组 $\boldsymbol{B}$：$\boldsymbol{\beta}_1, \boldsymbol{\beta}_2, \cdots, \boldsymbol{\beta}_t$，且向量组 $\boldsymbol{B}$ 能由向量组 $\boldsymbol{A}$ 线性表示，若 $s < t$，则向量组 $\boldsymbol{B}$ 线性相关.

证明： 设

$$(\boldsymbol{\beta}_1, \boldsymbol{\beta}_2, \cdots, \boldsymbol{\beta}_t) = (\boldsymbol{\alpha}_1, \boldsymbol{\alpha}_2, \cdots, \boldsymbol{\alpha}_s)\begin{pmatrix} k_{11} & k_{12} & \cdots & k_{1t} \\ k_{21} & k_{21} & \cdots & k_{2t} \\ \vdots & \vdots & & \vdots \\ k_{s1} & k_{s2} & \cdots & k_{st} \end{pmatrix}, \tag{3.9}$$

欲证存在不全为 0 的数 $x_1, x_2, \cdots, x_t$，使

$$x_1\boldsymbol{\beta}_1 + x_2\boldsymbol{\beta}_2 + \cdots + x_t\boldsymbol{\beta}_t = (\boldsymbol{\beta}_1, \boldsymbol{\beta}_2, \cdots, \boldsymbol{\beta}_t)\begin{pmatrix} x_1 \\ x_2 \\ \vdots \\ x_t \end{pmatrix} = \mathbf{0}. \tag{3.10}$$

将式(3.9)代入式(3.10)，并注意到 $s < t$，则知齐次线性方程组

$$\begin{pmatrix} k_{11} & k_{12} & \cdots & k_{1t} \\ k_{21} & k_{21} & \cdots & k_{2t} \\ \vdots & \vdots & & \vdots \\ k_{s1} & k_{s2} & \cdots & k_{st} \end{pmatrix}\begin{pmatrix} x_1 \\ x_2 \\ \vdots \\ x_t \end{pmatrix} = \mathbf{0}$$

有非零解，从而向量组 $\boldsymbol{B}$ 线性相关.

易得定理的等价命题.

推论 3.6 设向量组 $\boldsymbol{B}$ 能由向量组 $\boldsymbol{A}$ 线性表示，若向量组 $\boldsymbol{B}$ 线性无关，则 $s \geq t$.

推论 3.7 设向量组 $\boldsymbol{A}$ 与向量组 $\boldsymbol{B}$ 可以互相线性表示，若 $\boldsymbol{A}$ 与 $\boldsymbol{B}$ 都是线性无关的，则 $s=t$.

证明：向量组 $\boldsymbol{A}$ 线性无关且可由向量组 $\boldsymbol{B}$ 线性表示，则 $s\leqslant t$；向量组 $\boldsymbol{B}$ 线性无关且可由向量组 $\boldsymbol{A}$ 线性表示，则 $s\geqslant t$，故有 $s=t$.

例 3.9 设向量组 $\boldsymbol{\alpha}_1$、$\boldsymbol{\alpha}_2$、$\boldsymbol{\alpha}_3$ 线性相关，向量组 $\boldsymbol{\alpha}_2$、$\boldsymbol{\alpha}_3$、$\boldsymbol{\alpha}_4$ 线性无关，证明：

(1) $\boldsymbol{\alpha}_1$ 能由 $\boldsymbol{\alpha}_2$、$\boldsymbol{\alpha}_3$ 线性表示；

(2) $\boldsymbol{\alpha}_4$ 不能由 $\boldsymbol{\alpha}_1$、$\boldsymbol{\alpha}_2$、$\boldsymbol{\alpha}_3$ 线性表示.

证明：(1)因 $\boldsymbol{\alpha}_2$、$\boldsymbol{\alpha}_3$、$\boldsymbol{\alpha}_4$ 线性无关，由推论 3.5 知，$\boldsymbol{\alpha}_2$、$\boldsymbol{\alpha}_3$ 线性无关，而 $\boldsymbol{\alpha}_1$、$\boldsymbol{\alpha}_2$、$\boldsymbol{\alpha}_3$ 线性相关，由定理 3.10 知，$\boldsymbol{\alpha}_1$ 能由 $\boldsymbol{\alpha}_2$、$\boldsymbol{\alpha}_3$ 线性表示.

(2)用反证法证明．假设 $\boldsymbol{\alpha}_4$ 能由 $\boldsymbol{\alpha}_1$、$\boldsymbol{\alpha}_2$、$\boldsymbol{\alpha}_3$ 线性表示，而由(1)知 $\boldsymbol{\alpha}_1$ 能由 $\boldsymbol{\alpha}_2$、$\boldsymbol{\alpha}_3$ 线性表示，因此 $\boldsymbol{\alpha}_4$ 能由 $\boldsymbol{\alpha}_2$、$\boldsymbol{\alpha}_3$ 线性表示，这与 $\boldsymbol{\alpha}_2$、$\boldsymbol{\alpha}_3$、$\boldsymbol{\alpha}_4$ 线性无关矛盾.

第四节 向量组的秩

这里引用三原色的例子解释极大线性无关组这个抽象的概念．通常把红、绿、蓝 3 种颜色称为光学三原色，这里把每一种颜色看作一个向量．如果想呈现多种色彩，实际上只需要这 3 种颜色就可以完成，这是因为将三原色以某种比例混合可以得到想要的任意颜色，用向量的语言来说，就是任意颜色都可以由三原色线性表示．另外，三原色中任意两种颜色都无法调制出第 3 种颜色，这实际上反映的是三原色向量组本身是线性无关的．那么，三原色向量组实际上就是所有颜色构成的向量组的一个极大线性无关组.

一、极大线性无关组

定义 3.11 设有向量组 $\boldsymbol{A}$，如果在 $\boldsymbol{A}$ 中能选出 r 个向量 $\boldsymbol{\alpha}_1, \boldsymbol{\alpha}_2, \cdots, \boldsymbol{\alpha}_r$，满足：

(1)向量组 $\boldsymbol{A}_0$：$\boldsymbol{\alpha}_1, \boldsymbol{\alpha}_2, \cdots, \boldsymbol{\alpha}_r$ 线性无关；

(2)向量组 $\boldsymbol{A}$ 中的任意 $r+1$ 个向量(如果 $\boldsymbol{A}$ 中有 $r+1$ 个向量)都线性相关，

那么称向量组 $\boldsymbol{A}_0$ 为向量组 $\boldsymbol{A}$ 的一个**极大线性无关组**，简称**极大无关组**.

向量组 $\boldsymbol{A}$ 和它自己的极大无关组 $\boldsymbol{A}_0$ 是等价的，这是因为 $\boldsymbol{A}_0$ 是 $\boldsymbol{A}$ 的一个部分组，故 $\boldsymbol{A}_0$ 总能由 $\boldsymbol{A}$ 线性表示（$\boldsymbol{A}_0$ 中的每个向量都能由 $\boldsymbol{A}$ 线性表示）．而由定义 3.11 的条件(2)知，对于 $\boldsymbol{A}$ 中的任意向量 $\boldsymbol{\alpha}$，$r+1$ 个向量：$\boldsymbol{\alpha}_1, \boldsymbol{\alpha}_2, \cdots, \boldsymbol{\alpha}_r, \boldsymbol{\alpha}$ 线性相关，而 $\boldsymbol{\alpha}_1, \boldsymbol{\alpha}_2, \cdots, \boldsymbol{\alpha}_r$ 线性无关，根据定理 3.10，知 $\boldsymbol{\alpha}$ 能由 $\boldsymbol{A}_0$：$\boldsymbol{\alpha}_1, \boldsymbol{\alpha}_2, \cdots, \boldsymbol{\alpha}_r$ 线性表示，即 $\boldsymbol{A}$ 能由 $\boldsymbol{A}_0$ 线性表示，因此 $\boldsymbol{A}$ 与 $\boldsymbol{A}_0$ 等价.

定理 3.12 任何向量组和它的极大无关组等价.

推论 3.8 向量组中的任意两个极大无关组等价.

推论 3.9(极大无关组等价定义) 若一个向量组 $\boldsymbol{A}$ 的一个部分组 $\boldsymbol{\alpha}_1, \boldsymbol{\alpha}_2, \cdots, \boldsymbol{\alpha}_r$ 满足：

(1) $\boldsymbol{\alpha}_1, \boldsymbol{\alpha}_2, \cdots, \boldsymbol{\alpha}_r$ 线性无关；

(2)向量组 $\boldsymbol{A}$ 中的任意一个向量都可以由 $\boldsymbol{\alpha}_1, \boldsymbol{\alpha}_2, \cdots, \boldsymbol{\alpha}_r$ 线性表示，

则称部分组 $\boldsymbol{\alpha}_1, \boldsymbol{\alpha}_2, \cdots, \boldsymbol{\alpha}_r$ 为向量组 $\boldsymbol{A}$ 的一个**极大无关组**.

显然，任意一个含有非零向量的向量组一定存在极大无关组，线性无关的向量组的极大无关组就是自身.

定理 3.13　对向量组 $\boldsymbol{\alpha}_1=\begin{pmatrix}a_{11}\\a_{21}\\\vdots\\a_{n1}\end{pmatrix}$，$\boldsymbol{\alpha}_2=\begin{pmatrix}a_{12}\\a_{22}\\\vdots\\a_{n2}\end{pmatrix}$，…，$\boldsymbol{\alpha}_m=\begin{pmatrix}a_{1m}\\a_{2m}\\\vdots\\a_{nm}\end{pmatrix}$，做 $n\times m$ 矩阵 $(\boldsymbol{\alpha}_1,\boldsymbol{\alpha}_2,\cdots,\boldsymbol{\alpha}_m)$，并对其施行初等行变换，若 $(\boldsymbol{\alpha}_1,\boldsymbol{\alpha}_2,\cdots,\boldsymbol{\alpha}_m)\xrightarrow{\text{行变换}}(\boldsymbol{\beta}_1,\boldsymbol{\beta}_2,\cdots,\boldsymbol{\beta}_m)$，则：

(1) 向量组 $\boldsymbol{\alpha}_1,\boldsymbol{\alpha}_2,\cdots,\boldsymbol{\alpha}_m$ 中的部分组 $\boldsymbol{\alpha}_{i1},\boldsymbol{\alpha}_{i2},\cdots,\boldsymbol{\alpha}_{ir}$ 线性无关的充分必要条件是向量组 $\boldsymbol{\beta}_1,\boldsymbol{\beta}_2,\cdots,\boldsymbol{\beta}_m$ 中对应的部分组 $\boldsymbol{\beta}_{i1},\boldsymbol{\beta}_{i2},\cdots,\boldsymbol{\beta}_{ir}$ 线性无关；

(2) 向量组 $\boldsymbol{\alpha}_1,\boldsymbol{\alpha}_2,\cdots,\boldsymbol{\alpha}_m$ 中的某个向量 $\boldsymbol{\alpha}_j$ 可由部分组 $\boldsymbol{\alpha}_{j1},\boldsymbol{\alpha}_{j2},\cdots,\boldsymbol{\alpha}_{jr}$ 线性表示为 $\boldsymbol{\alpha}_j=k_1\boldsymbol{\alpha}_{j1}+k_2\boldsymbol{\alpha}_{j2}+\cdots+k_r\boldsymbol{\alpha}_{jr}$ 的充分必要条件是向量组 $\boldsymbol{\beta}_1,\boldsymbol{\beta}_2,\cdots,\boldsymbol{\beta}_m$ 中对应的 $\boldsymbol{\beta}_j$ 可由对应部分组 $\boldsymbol{\beta}_{j1},\boldsymbol{\beta}_{j2},\cdots,\boldsymbol{\beta}_{jr}$ 表示为 $\boldsymbol{\beta}_j=k_1\boldsymbol{\beta}_{j1}+k_2\boldsymbol{\beta}_{j2}+\cdots+k_r\boldsymbol{\beta}_{jr}$.

证明：因为 $(\boldsymbol{\alpha}_1,\boldsymbol{\alpha}_2,\cdots,\boldsymbol{\alpha}_m)\xrightarrow{\text{行变换}}(\boldsymbol{\beta}_1,\boldsymbol{\beta}_2,\cdots,\boldsymbol{\beta}_m)$，可知存在可逆矩阵 $\boldsymbol{Q}$，使

$$(\boldsymbol{\beta}_1,\boldsymbol{\beta}_2,\cdots,\boldsymbol{\beta}_m)=\boldsymbol{Q}(\boldsymbol{\alpha}_1,\boldsymbol{\alpha}_2,\cdots,\boldsymbol{\alpha}_m)=(\boldsymbol{Q}\boldsymbol{\alpha}_1,\boldsymbol{Q}\boldsymbol{\alpha}_2,\cdots,\boldsymbol{Q}\boldsymbol{\alpha}_m),$$

于是有

$$\boldsymbol{\beta}_i=\boldsymbol{Q}\boldsymbol{\alpha}_i \text{ 或 } \boldsymbol{\alpha}_i=\boldsymbol{Q}^{-1}\boldsymbol{\beta}_i\quad(i=1,2,\cdots,m).$$

(1) 若 $\boldsymbol{\alpha}_{i1},\boldsymbol{\alpha}_{i2},\cdots,\boldsymbol{\alpha}_{ir}$ 线性无关，则对 $\boldsymbol{\beta}_{i1},\boldsymbol{\beta}_{i2},\cdots,\boldsymbol{\beta}_{ir}$，设存在 $k_1,k_2,\cdots,k_r$，使

$$k_1\boldsymbol{\beta}_{i1}+k_2\boldsymbol{\beta}_{i2}+\cdots+k_r\boldsymbol{\beta}_{ir}=\boldsymbol{0},$$

即

$$k_1\boldsymbol{Q}\boldsymbol{\alpha}_{i1}+k_2\boldsymbol{Q}\boldsymbol{\alpha}_{i2}+\cdots+k_r\boldsymbol{Q}\boldsymbol{\alpha}_{ir}=\boldsymbol{Q}(k_1\boldsymbol{\alpha}_{i1}+k_2\boldsymbol{\alpha}_{i2}+\cdots+k_r\boldsymbol{\alpha}_{ir})=\boldsymbol{0}.$$

由于 $\boldsymbol{Q}$ 可逆，因此上式两边左乘 $\boldsymbol{Q}^{-1}$ 可得

$$k_1\boldsymbol{\alpha}_{i1}+k_2\boldsymbol{\alpha}_{i2}+\cdots+k_r\boldsymbol{\alpha}_{ir}=\boldsymbol{0}.$$

由于 $\boldsymbol{\alpha}_{i1},\boldsymbol{\alpha}_{i2},\cdots,\boldsymbol{\alpha}_{ir}$ 线性无关，可得 $k_1=k_2=\cdots=k_r=0$，因此 $\boldsymbol{\beta}_{i1},\boldsymbol{\beta}_{i2},\cdots,\boldsymbol{\beta}_{ir}$ 线性无关，反之亦然.

(2) 若 $\boldsymbol{\alpha}_j=k_1\boldsymbol{\alpha}_{j1}+k_2\boldsymbol{\alpha}_{j2}+\cdots+k_r\boldsymbol{\alpha}_{jr}$，即

$$\boldsymbol{Q}^{-1}\boldsymbol{\beta}_j=k_1\boldsymbol{Q}^{-1}\boldsymbol{\beta}_{j1}+k_2\boldsymbol{Q}^{-1}\boldsymbol{\beta}_{j2}+\cdots+k_r\boldsymbol{Q}^{-1}\boldsymbol{\beta}_{jr},$$

上式两边左乘 $\boldsymbol{Q}$，即得 $\boldsymbol{\beta}_j=k_1\boldsymbol{\beta}_{j1}+k_2\boldsymbol{\beta}_{j2}+\cdots+k_r\boldsymbol{\beta}_{jr}$，反之亦然.

例 3.10　求向量组 $\boldsymbol{\alpha}_1=(1,0,1)^{\mathrm{T}}$，$\boldsymbol{\alpha}_2=(1,-1,1)^{\mathrm{T}}$，$\boldsymbol{\alpha}_3=(2,0,2)^{\mathrm{T}}$ 的极大无关组.

解：做矩阵 $\boldsymbol{A}=(\boldsymbol{\alpha}_1,\boldsymbol{\alpha}_2,\boldsymbol{\alpha}_3)$，对 $\boldsymbol{A}$ 做初等行变换

$$\boldsymbol{A}=\begin{pmatrix}1&1&2\\0&-1&0\\1&1&2\end{pmatrix}\to\begin{pmatrix}1&1&2\\0&-1&0\\0&0&0\end{pmatrix}\to\begin{pmatrix}1&0&2\\0&1&0\\0&0&0\end{pmatrix}=(\boldsymbol{\beta}_1,\boldsymbol{\beta}_2,\boldsymbol{\beta}_3).$$

由于 $\boldsymbol{\beta}_1$、$\boldsymbol{\beta}_2$ 线性无关，且 $\boldsymbol{\beta}_3=2\boldsymbol{\beta}_1+0\boldsymbol{\beta}_2$，因此 $\boldsymbol{\alpha}_1$、$\boldsymbol{\alpha}_2$ 线性无关，且 $\boldsymbol{\alpha}_3=2\boldsymbol{\alpha}_1+0\boldsymbol{\alpha}_2$. 由推论 3.9 知，$\boldsymbol{\alpha}_1$、$\boldsymbol{\alpha}_2$ 是向量组 $\boldsymbol{\alpha}_1$、$\boldsymbol{\alpha}_2$、$\boldsymbol{\alpha}_3$ 的一个极大无关组.

另外，从上面的最后一个矩阵可看出，$\boldsymbol{\beta}_2$、$\boldsymbol{\beta}_3$ 也线性无关，且 $\boldsymbol{\beta}_1=0\boldsymbol{\beta}_2+\dfrac{1}{2}\boldsymbol{\beta}_3$，因此有 $\boldsymbol{\alpha}_2$、$\boldsymbol{\alpha}_3$ 线性无关，且 $\boldsymbol{\alpha}_1=0\boldsymbol{\alpha}_2+\dfrac{1}{2}\boldsymbol{\alpha}_3$. 由推论 3.9 知，$\boldsymbol{\alpha}_2$、$\boldsymbol{\alpha}_3$ 也是向量组 $\boldsymbol{\alpha}_1$、$\boldsymbol{\alpha}_2$、$\boldsymbol{\alpha}_3$ 的一个

极大无关组.

例 3.11 假如把某公司的一个部门看作一个向量组，把员工看作其中的向量，现有公司某部门 4 位员工用如下向量表示．若该部门只有 3 个工作岗位，为提高工作效率、降低运营成本，公司决定裁去一位员工，应如何裁员？

$$\boldsymbol{\alpha}_1=\begin{pmatrix}1\\0\\0\end{pmatrix},\ \boldsymbol{\alpha}_2=\begin{pmatrix}0\\1\\0\end{pmatrix},\ \boldsymbol{\alpha}_3=\begin{pmatrix}1\\1\\0\end{pmatrix},\ \boldsymbol{\alpha}_4=\begin{pmatrix}0\\1\\1\end{pmatrix}.$$

解： 该问题的本质是找到向量组的极大无关组，而不属于极大无关组的向量所对应的员工是可以被替代的，是可以考虑被裁去的对象.

由 $(\boldsymbol{\alpha}_1,\boldsymbol{\alpha}_2,\boldsymbol{\alpha}_3,\boldsymbol{\alpha}_4)=\begin{pmatrix}1&0&1&0\\0&1&1&1\\0&0&0&1\end{pmatrix}$，可以看出 $\boldsymbol{\alpha}_1$、$\boldsymbol{\alpha}_2$、$\boldsymbol{\alpha}_4$ 为原向量组的一个极大无关组，因此 $\boldsymbol{\alpha}_3$ 是可以由 $\boldsymbol{\alpha}_1$、$\boldsymbol{\alpha}_2$、$\boldsymbol{\alpha}_4$ 线性表示的，即 $\boldsymbol{\alpha}_3$ 所对应的员工可以被裁去.

一个向量组的极大无关组不一定唯一，例 3.11 中的 $\boldsymbol{\alpha}_1$、$\boldsymbol{\alpha}_3$、$\boldsymbol{\alpha}_4$ 也是原向量组的一个极大无关组，因此也可以裁去 $\boldsymbol{\alpha}_2$ 所对应的员工．同学们可以考虑是否还有其他选择？经过分析，可知裁员决策不是唯一的，但在本问题中有一个向量是不可替代的，即 $\boldsymbol{\alpha}_4$，如果没有 $\boldsymbol{\alpha}_4$，则极大无关组中向量的个数将会减少．然而，极大无关组所包含向量的个数是向量组的一个重要指标.

二、向量组的秩的概念

定义 3.12 向量组 $\boldsymbol{\alpha}_1,\boldsymbol{\alpha}_2,\cdots,\boldsymbol{\alpha}_s$ 的极大无关组所含向量的个数称为该**向量组的秩**，记作 $R(\boldsymbol{\alpha}_1,\boldsymbol{\alpha}_2,\cdots,\boldsymbol{\alpha}_s)$.

规定：由零向量组成的向量组的秩为 0.

在例 3.10 中已经讨论过，向量组 $\boldsymbol{\alpha}_1=(1,0,1)^{\mathrm{T}}$，$\boldsymbol{\alpha}_2=(1,-1,1)^{\mathrm{T}}$，$\boldsymbol{\alpha}_3=(2,0,2)^{\mathrm{T}}$ 的极大无关组所含向量的个数为 2，由定义 3.12 知 $R(\boldsymbol{\alpha}_1,\boldsymbol{\alpha}_2,\boldsymbol{\alpha}_3)=2$.

关于向量组的秩，有以下结论.

(1) 一个向量组线性无关的充分必要条件是它的秩与它所含向量的个数相同，因为一个线性无关的向量组的极大无关组就是它本身.

(2) 等价的向量组有相同的秩.

证明： 由于等价的向量组的极大无关组也等价，因此它们的极大无关组的向量的个数相同，因而秩也相同.

(3) 若向量组的秩为 r，则向量组的任意 r 个线性无关的向量都构成向量组的一个极大无关组，任意 $r+1$ 个向量都线性相关.

三、矩阵与向量组秩的关系

定理 3.14 设 $\boldsymbol{A}$ 为 $m\times n$ 矩阵，则矩阵 $\boldsymbol{A}$ 的秩等于它的列向量组的秩，也等于它的行向量组的秩.

证明： 设 $\boldsymbol{A}=(\boldsymbol{\alpha}_1,\boldsymbol{\alpha}_2,\cdots,\boldsymbol{\alpha}_n)$，$R(\boldsymbol{A})=s$，由矩阵的定义知，存在 $\boldsymbol{A}$ 的 s 阶子式 $D_s\neq$

0，从而 D_s 所在的 s 个列向量线性无关；又因 $\boldsymbol{A}$ 中所有 $s+1$ 阶子式 $D_{s+1}=0$，故 $\boldsymbol{A}$ 中的任意 $s+1$ 个列向量都线性相关，因此 D_s 所在的 s 列是 $\boldsymbol{A}$ 的列向量组的一个极大无关组，从而列向量组的秩等于 s.

同理可证，矩阵 $\boldsymbol{A}$ 的行向量组的秩也等于 s.

推论 3.10　矩阵的行向量组的秩与列向量组的秩相等.

第五节　向量空间

一、向量空间的概念

定义 3.13　设 V 是 n 维向量构成的集合，且满足：

(1) 若 $\boldsymbol{\alpha}$、$\boldsymbol{\beta} \in V$，则 $\boldsymbol{\alpha}+\boldsymbol{\beta} \in V$；

(2) 若 $\boldsymbol{\alpha} \in V$，$k \in \mathbf{R}$，则 $k\boldsymbol{\alpha} \in V$.

则称集合 V 为**向量空间**.

上述定义中的两个条件称为集合 V 对加法和数乘两种运算是封闭的.

全体 n 维向量的集合 $\mathbf{R}^n$ 构成了一个向量空间.

事实上，任意两个 n 维向量之和仍为 n 维向量，数 k 乘以 n 维向量还是 n 维向量，它们都属于 $\mathbf{R}^n$.

例 3.12　证明集合 $V=\{\boldsymbol{x}=(0, x_2, x_3, \cdots, x_n)^{\mathrm{T}} \mid x_2, x_3, \cdots, x_n \in \mathbf{R}\}$ 是一个向量空间.

证明：设 $\boldsymbol{\alpha}=(0, a_2, a_3, \cdots, a_n)^{\mathrm{T}} \in V$，$\boldsymbol{\beta}=(0, b_2, b_3, \cdots, b_n)^{\mathrm{T}} \in V$，则

$$\boldsymbol{\alpha}+\boldsymbol{\beta}=(0, a_2+b_2, a_3+b_3, \cdots, a_n+b_n)^{\mathrm{T}} \in V,$$

$$k\boldsymbol{\alpha}=(0, ka_2, ka_3, \cdots, ka_n)^{\mathrm{T}} \in V,\ k \text{ 为实数},$$

即 V 对向量加法和数乘两种运算是封闭的，故 V 是一个向量空间.

例 3.13　证明集合 $V=\{\boldsymbol{x}=(1, x_2, x_3, \cdots, x_n)^{\mathrm{T}} \mid x_2, x_3, \cdots, x_n \in \mathbf{R}\}$ 不是向量空间.

证明：设 $\boldsymbol{\alpha}=(1, a_2, a_3, \cdots, a_n)^{\mathrm{T}} \in V$，则

$$2\boldsymbol{\alpha}=(2, 2a_2, 2a_3, \cdots, 2a_n)^{\mathrm{T}} \notin V,$$

即 V 对向量的数乘运算不是封闭的，故 V 不是一个向量空间.

例 3.14　设 $\boldsymbol{\alpha}$、$\boldsymbol{\beta}$ 是两个已知的 n 维向量，证明集合 $V=\{\boldsymbol{x}=\lambda\boldsymbol{\alpha}+\mu\boldsymbol{\beta} \mid \lambda, \mu \in \mathbf{R}\}$ 是一个向量空间.

证明：$\boldsymbol{x}_1=\lambda_1\boldsymbol{\alpha}+\mu_1\boldsymbol{\beta} \in V$，$\boldsymbol{x}_2=\lambda_2\boldsymbol{\alpha}+\mu_2\boldsymbol{\beta} \in V$，则

$$\boldsymbol{x}_1+\boldsymbol{x}_2=(\lambda_1+\lambda_2)\boldsymbol{\alpha}+(\mu_1+\mu_2)\boldsymbol{\beta} \in V,$$

$$k\boldsymbol{x}_1=(k\lambda_1)\boldsymbol{\alpha}+(k\mu_1)\boldsymbol{\beta} \in V,$$

即 V 对向量加法和数乘两种运算是封闭的，故 V 是一个向量空间.

例 3.14 中的向量空间也称为**由向量 $\boldsymbol{\alpha}$、$\boldsymbol{\beta}$ 生成的空间**.

一般地，由向量组 $\boldsymbol{\alpha}_1, \boldsymbol{\alpha}_2, \cdots, \boldsymbol{\alpha}_r$ 的线性组合构成的集合是一个向量空间，记作 $V=\{\boldsymbol{x}=\lambda_1\boldsymbol{\alpha}_1+\lambda_2\boldsymbol{\alpha}_2+\cdots+\lambda_r\boldsymbol{\alpha}_r \mid \lambda_1, \lambda_2, \cdots, \lambda_r \in \mathbf{R}\}$，称 V 为由 $\boldsymbol{\alpha}_1, \boldsymbol{\alpha}_2, \cdots, \boldsymbol{\alpha}_r$ 生成的

向量空间.

二、向量空间的基与维数

定义 3.14 设 V 是向量空间，若向量组 $\boldsymbol{\alpha}_1, \boldsymbol{\alpha}_2, \cdots, \boldsymbol{\alpha}_r \in V$，满足：

(1) $\boldsymbol{\alpha}_1, \boldsymbol{\alpha}_2, \cdots, \boldsymbol{\alpha}_r$ 线性无关；

(2) V 中任何一向量 $\boldsymbol{\alpha}$ 可由 $\boldsymbol{\alpha}_1, \boldsymbol{\alpha}_2, \cdots, \boldsymbol{\alpha}_r$ 线性表示.

则称 $\boldsymbol{\alpha}_1, \boldsymbol{\alpha}_2, \cdots, \boldsymbol{\alpha}_r$ 是**向量空间 V 的一个基**，称 r 为**V 的维数**，并称 V 是 **r 维向量空间**.

只含有零向量的空间称为**零空间**，规定其维数为 0.

$\mathbf{R}^n$ 中的 n 维基本向量组

$$\boldsymbol{e}_1=\begin{pmatrix}1\\0\\\vdots\\0\end{pmatrix},\ \boldsymbol{e}_2=\begin{pmatrix}0\\1\\\vdots\\0\end{pmatrix},\ \cdots,\ \boldsymbol{e}_n=\begin{pmatrix}0\\0\\\vdots\\1\end{pmatrix}$$

是 $\mathbf{R}^n$ 的一个基，因为对任意一个 n 维向量 $\boldsymbol{\alpha}=(a_1, a_2, \cdots, a_n)^{\mathrm{T}} \in \mathbf{R}^n$，有

$$\boldsymbol{\alpha}=a_1\boldsymbol{e}_1+a_2\boldsymbol{e}_2+\cdots+a_n\boldsymbol{e}_n,$$

即 $\mathbf{R}^n$ 是 n 维向量空间.

将基的定义与前面极大无关组的定义相比可知，若把向量空间 V 看作向量组，则向量空间 V 的基就是向量组 V 中的极大无关组．向量空间 V 的维数就是向量组 V 的秩，由极大无关组的不唯一性可知向量空间的基也是不唯一的．不难看出，$\mathbf{R}^n$ 中任意 n 个线性无关的向量都是 $\mathbf{R}^n$ 的基.

若向量组 $\boldsymbol{\alpha}_1, \boldsymbol{\alpha}_2, \cdots, \boldsymbol{\alpha}_r$ 是向量空间 V 的一个基，则 V 可表示为

$$V=\{\boldsymbol{x}=\lambda_1\boldsymbol{\alpha}_1+\lambda_2\boldsymbol{\alpha}_2+\cdots+\lambda_r\boldsymbol{\alpha}_r \mid \lambda_1, \lambda_2, \cdots, \lambda_r \in \mathbf{R}\},$$

即向量空间 V 可看作是由它的任意一个基所生成的.

例 3.15 证明向量组 $\boldsymbol{\alpha}_1=\begin{pmatrix}5\\1\\4\\1\end{pmatrix}, \boldsymbol{\alpha}_2=\begin{pmatrix}0\\-1\\1\\1\end{pmatrix}, \boldsymbol{\alpha}_3=\begin{pmatrix}4\\2\\2\\1\end{pmatrix}, \boldsymbol{\alpha}_4=\begin{pmatrix}2\\1\\0\\1\end{pmatrix}$ 是 $\mathbf{R}^4$ 的一个基.

证明：只需证明 $\boldsymbol{\alpha}_1$、$\boldsymbol{\alpha}_2$、$\boldsymbol{\alpha}_3$、$\boldsymbol{\alpha}_4$ 线性无关即可.

由矩阵 $\boldsymbol{A}=(\boldsymbol{\alpha}_1, \boldsymbol{\alpha}_2, \boldsymbol{\alpha}_3, \boldsymbol{\alpha}_4)$ 的行列式

$$|\boldsymbol{A}|=\begin{vmatrix}5&0&4&2\\1&-1&2&1\\4&1&2&0\\1&1&1&1\end{vmatrix}=-7\neq 0,$$

可知 $\boldsymbol{\alpha}_1$、$\boldsymbol{\alpha}_2$、$\boldsymbol{\alpha}_3$、$\boldsymbol{\alpha}_4$ 线性无关，故 $\boldsymbol{\alpha}_1$、$\boldsymbol{\alpha}_2$、$\boldsymbol{\alpha}_3$、$\boldsymbol{\alpha}_4$ 是 $\mathbf{R}^4$ 的一个基．

定义 3.15 设有向量空间 V_1 及 V_2，若 $V_1 \subset V_2$，则称 **V_1 是 V_2 的子空间**.

例如，向量空间 $V=\{\boldsymbol{x}=(0, x_2, x_3, \cdots, x_n)^{\mathrm{T}} \mid x_2, x_3, \cdots, x_n \in \mathbf{R}\}$ 就是 $\mathbf{R}^n$ 的子空间.

第六节　线性方程组解的结构

下面用向量组线性相关的理论来讨论线性方程组的解．先讨论齐次线性方程组.

一、齐次线性方程组

设有齐次线性方程组

$$\begin{cases} a_{11}x_1 + a_{12}x_2 + \cdots + a_{1n}x_n = 0 \\ a_{21}x_1 + a_{22}x_2 + \cdots + a_{2n}x_n = 0 \\ \qquad\qquad \vdots \\ a_{m1}x_1 + a_{m2}x_2 + \cdots + a_{mn}x_n = 0 \end{cases}, \tag{3.11}$$

记

$$\boldsymbol{A} = \begin{pmatrix} a_{11} & a_{12} & \cdots & a_{1n} \\ a_{21} & a_{22} & \cdots & a_{2n} \\ \vdots & \vdots & & \vdots \\ a_{m1} & a_{m2} & \cdots & a_{mn} \end{pmatrix}, \ \boldsymbol{x} = \begin{pmatrix} x_1 \\ x_2 \\ \vdots \\ x_n \end{pmatrix},$$

则方程组(3.11)可写成向量方程

$$\boldsymbol{Ax} = \boldsymbol{0}. \tag{3.12}$$

若 $x_1 = \xi_{11}$，$x_2 = \xi_{21}$，$\cdots$，$x_n = \xi_{n1}$ 为方程组（3.11)的解，则

$$\boldsymbol{x} = \boldsymbol{\xi}_1 = \begin{pmatrix} \xi_{11} \\ \xi_{21} \\ \vdots \\ \xi_{n1} \end{pmatrix}$$

称为方程组(3.11)的**解向量**，它也就是方程(3.12)的解.

根据方程(3.12)来讨论解向量的性质.

性质 3.1　若 $\boldsymbol{\xi}_1$、$\boldsymbol{\xi}_2$ 为方程(3.12)的解，则 $\boldsymbol{\xi}_1 + \boldsymbol{\xi}_2$ 也是方程(3.12)的解.

证明：只要验证 $\boldsymbol{\xi}_1 + \boldsymbol{\xi}_2$ 满足方程(3.12)，即

$$\boldsymbol{A}(\boldsymbol{\xi}_1 + \boldsymbol{\xi}_2) = \boldsymbol{A\xi}_1 + \boldsymbol{A\xi}_2 = \boldsymbol{0} + \boldsymbol{0} = \boldsymbol{0}.$$

性质 3.2　若 $\boldsymbol{\xi}_1$ 为方程(3.12)的解，k 为实数，则 $k\boldsymbol{\xi}_1$ 也是方程(3.12)的解.

证明：$\boldsymbol{A}(k\boldsymbol{\xi}_1) = k(\boldsymbol{A\xi}_1) = k\boldsymbol{0} = \boldsymbol{0}$.

若用 S 表示方程组(3.11)的全体解向量所组成的集合，则性质 3.1、性质 3.2 即为

(1)若 $\boldsymbol{\xi}_1 \in S$，$\boldsymbol{\xi}_2 \in S$，则 $\boldsymbol{\xi}_1 + \boldsymbol{\xi}_2 \in S$；

(2)若 $\boldsymbol{\xi}_1 \in S$，$k \in \mathbf{R}$，则 $k\boldsymbol{\xi}_1 \in S$.

这就说明，集合 S 对向量的线性运算是封闭的，因此集合 S 是一个向量空间，称为齐次线性方程组(3.11)的**解空间**.

下面求解空间 S 的一个基.

设系数矩阵 $\boldsymbol{A}$ 的秩为 r，不妨设 $\boldsymbol{A}$ 的前 r 个列向量线性无关，于是 $\boldsymbol{A}$ 的行最简形矩阵为

$$\boldsymbol{B}=\begin{pmatrix}1 & \cdots & 0 & b_{11} & \cdots & b_{1,\ n-r}\\ \vdots & & \vdots & \vdots & & \vdots\\ 0 & \cdots & 1 & b_{r1} & \cdots & b_{r,\ n-r}\\ 0 & & & \cdots & & 0\\ \vdots & & & & & \vdots\\ 0 & & & \cdots & & 0\end{pmatrix},$$

与 $\boldsymbol{B}$ 对应，即有方程组

$$\begin{cases}x_1=-b_{11}x_{r+1}-\cdots-b_{1,\ n-r}x_n\\ \qquad\qquad\vdots\\ x_r=-b_{r1}x_{r+1}-\cdots-b_{r,\ n-r}x_n\end{cases},\tag{3.13}$$

由于 $\boldsymbol{A}$ 与 $\boldsymbol{B}$ 的行向量组等价，因此方程组(3.11)与方程组(3.13)同解．在方程组(3.13)中，任给 x_{r+1}，…，x_n 一组值，即唯一确定 x_1，…，x_r 的值，就能得方程组(3.13)的一个解，也就是方程组(3.11)的解．现在令 x_{r+1}，…，x_n 取下列 $n-r$ 组数

$$\begin{pmatrix}x_{r+1}\\ x_{r+2}\\ \vdots\\ x_n\end{pmatrix}=\begin{pmatrix}1\\ 0\\ \vdots\\ 0\end{pmatrix},\ \begin{pmatrix}0\\ 1\\ \vdots\\ 0\end{pmatrix},\ \cdots,\ \begin{pmatrix}0\\ 0\\ \vdots\\ 1\end{pmatrix},$$

由方程组(3.13)依次可得

$$\begin{pmatrix}x_1\\ \vdots\\ x_r\end{pmatrix}=\begin{pmatrix}-b_{11}\\ \vdots\\ -b_{r1}\end{pmatrix},\ \begin{pmatrix}-b_{12}\\ \vdots\\ -b_{r2}\end{pmatrix},\ \cdots,\ \begin{pmatrix}-b_{1,\ n-r}\\ \vdots\\ -b_{r,\ n-r}\end{pmatrix},$$

从而求得方程组(3.13)[也就是方程组(3.11)]的 $n-r$ 个解向量为

$$\boldsymbol{\xi}_1=\begin{pmatrix}-b_{11}\\ \vdots\\ -b_{r1}\\ 1\\ 0\\ \vdots\\ 0\end{pmatrix},\ \boldsymbol{\xi}_2=\begin{pmatrix}-b_{12}\\ \vdots\\ -b_{r2}\\ 0\\ 1\\ \vdots\\ 0\end{pmatrix},\ \cdots,\ \boldsymbol{\xi}_{n-r}=\begin{pmatrix}-b_{1,\ n-r}\\ \vdots\\ -b_{r,\ n-r}\\ 0\\ 0\\ \vdots\\ 1\end{pmatrix}.$$

下面证明 $\boldsymbol{\xi}_1$，$\boldsymbol{\xi}_2$，…，$\boldsymbol{\xi}_{n-r}$ 就是解空间 S 的一个基.

首先，由于 $(x_{r+1}，x_{r+2}，\cdots，x_n)^{\mathrm{T}}$ 所取的 $n-r$ 个 $n-r$ 维向量线性无关，因此在每个向量前面添加 r 个分量而得到的 $n-r$ 个 n 维向量 $\boldsymbol{\xi}_1$，$\boldsymbol{\xi}_2$，…，$\boldsymbol{\xi}_{n-r}$ 也线性无关.

其次，证明方程组(3.11)的任意解

$$x = \xi = \begin{pmatrix} \lambda_1 \\ \vdots \\ \lambda_r \\ \lambda_{r+1} \\ \vdots \\ \lambda_n \end{pmatrix}$$

都可由 $\boldsymbol{\xi}_1$，$\boldsymbol{\xi}_2$，…，$\boldsymbol{\xi}_{n-r}$ 线性表示．为此，做向量

$$\boldsymbol{\eta} = \lambda_{r+1}\boldsymbol{\xi}_1 + \lambda_{r+2}\boldsymbol{\xi}_2 + \cdots + \lambda_n\boldsymbol{\xi}_{n-r}.$$

由于 $\boldsymbol{\xi}_1$，$\boldsymbol{\xi}_2$，…，$\boldsymbol{\xi}_{n-r}$ 是方程组(3.11)的解，因此 $\boldsymbol{\eta}$ 也是方程组(3.11)的解．比较 $\boldsymbol{\eta}$ 与 $\boldsymbol{\xi}$，可知它们的后面 $n-r$ 个分量对应相等．由于它们都满足方程组(3.11)，从而知它们的前面 r 个分量亦必对应相等[方程组(3.13)表明任意解的前 r 个分量由后 $n-r$ 个分量唯一决定]，因此 $\boldsymbol{\xi} = \boldsymbol{\eta}$，即

$$\boldsymbol{\xi} = \lambda_{r+1}\boldsymbol{\xi}_1 + \lambda_{r+2}\boldsymbol{\xi}_2 + \cdots + \lambda_n\boldsymbol{\xi}_{n-r}.$$

这样就证明了 $\boldsymbol{\xi}_1$，$\boldsymbol{\xi}_2$，…，$\boldsymbol{\xi}_{n-r}$ 就是解空间 S 的一个基，从而知解空间 S 的维数是 $n-r$.

根据以上证明，即得下述定理.

定理 3.15　n 元齐次线性方程组 $\boldsymbol{A}_{m\times n}\boldsymbol{x} = \boldsymbol{0}$ 的全体解所构成的集合 S 是一个向量空间，且当系数矩阵的秩 $R(\boldsymbol{A}_{m\times n}) = r$ 时，解空间 S 的维数为 $n-r$.

上面的证明过程还提供了一种求解空间的基的方法．当然，求解空间的基的方法有很多，而解空间的基也不是唯一的．例如，$(x_{r+1}, x_{r+2}, \cdots, x_n)^{\mathrm{T}}$ 可任取 $n-r$ 个线性无关的解向量，都可作为解空间 S 的基.

解空间 S 的基又称方程组(3.11)的**基础解系**.

当 $R(\boldsymbol{A}) = n$ 时，方程组(3.11)只有零解，因而没有基础解系(此时解空间 S 只含一个零向量，为 0 维向量空间)．而当 $R(\boldsymbol{A}) = r < n$ 时，方程组(3.11)必有含 $n-r$ 个向量的基础解系.

设求得 $\boldsymbol{\xi}_1$，$\boldsymbol{\xi}_2$，…，$\boldsymbol{\xi}_{n-r}$ 为方程组(3.11)的一个基础解系，则方程组(3.11)的解可表示为

$$\boldsymbol{x} = k_1\boldsymbol{\xi}_1 + k_2\boldsymbol{\xi}_2 + \cdots + k_{n-r}\boldsymbol{\xi}_{n-r}.$$

其中，k_1，k_2，…，k_{n-r} 为任意实数．上式称为方程组(3.11)的**通解**. 此时，解空间可表示为

$$S = \{\boldsymbol{x} = k_1\boldsymbol{\xi}_1 + k_2\boldsymbol{\xi}_2 + \cdots + k_{n-r}\boldsymbol{\xi}_{n-r} \mid k_1, k_2, \cdots, k_{n-r} \in \mathbf{R}\}.$$

在第一节中已经提出通解这一名称，这里在解空间、基础解系等概念的基础上提出通解的定义，读者应由此理解通解与解空间、基础解系之间的关系．由于基础解系不是唯一的，因此通解的表达式也不是唯一的.

上一段证明中提供的求基础解系的方法其实就是第一节中用初等行变换求通解的方法．为说明这层意思，下面再举一例.

例 3.16　求下列齐次线性方程组的基础解系与通解.

$$\begin{cases} 2x_1 + x_2 - 2x_3 + 3x_4 = 0 \\ 3x_1 + 2x_2 - x_3 + 2x_4 = 0 \\ x_1 + x_2 + x_3 - x_4 = 0 \end{cases}.$$

解：对系数矩阵 $\boldsymbol{A}$ 施以初等行变换，变为行最简形矩阵

$$\boldsymbol{A}=\begin{pmatrix}2&1&-2&3\\3&2&-1&2\\1&1&1&-1\end{pmatrix}\xrightarrow[r_2-3r_3]{r_1-2r_3}\begin{pmatrix}0&-1&-4&5\\0&-1&-4&5\\1&1&1&-1\end{pmatrix}$$

$$\xrightarrow{r_1-r_2}\begin{pmatrix}0&0&0&0\\0&-1&-4&5\\1&1&1&-1\end{pmatrix}\xrightarrow{r_1\leftrightarrow r_3}\begin{pmatrix}1&1&1&-1\\0&-1&-4&5\\0&0&0&0\end{pmatrix}$$

$$\xrightarrow{r_1+r_2}\begin{pmatrix}1&0&-3&4\\0&-1&-4&5\\0&0&0&0\end{pmatrix}\xrightarrow{(-1)r_2}\begin{pmatrix}1&0&-3&4\\0&1&4&-5\\0&0&0&0\end{pmatrix}.$$

于是原方程组可同解地变为

$$\begin{cases}x_1=3x_3-4x_4\\x_2=-4x_3+5x_4\end{cases},$$

因此基础解系为 $\boldsymbol{\eta}_1=(-3,\ -4,\ 1,\ 0)^{\mathrm{T}}$，$\boldsymbol{\eta}_2=(-4,\ 5,\ 0,\ 1)^{\mathrm{T}}$.

原方程组的通解为 $\begin{pmatrix}x_1\\x_2\\x_3\\x_4\end{pmatrix}=C_1\begin{pmatrix}-3\\-4\\1\\0\end{pmatrix}+C_2\begin{pmatrix}-4\\5\\0\\1\end{pmatrix}$，其中（$C_1$、$C_2\in\mathbf{R}$）.

由以上例子，归纳出求解齐次线性方程组的通解的一般步骤：

(1)用初等行变换把系数矩阵 $\boldsymbol{A}$ 变为行最简形矩阵；

(2)写出行最简形矩阵对应的同解方程组，等式左端为非自由未知量，等式右端为自由未知量的线性组合；

(3)分别令第 k 个自由未知量为 1，其余自由未知量为 0，求出 $n-r$ 个线性无关的解向量 $\boldsymbol{\xi}_1$，$\boldsymbol{\xi}_2$，…，$\boldsymbol{\xi}_{n-r}$，即为所求方程组的基础解系；

(4)写出原方程组的通解 $\boldsymbol{x}=k_1\boldsymbol{\xi}_1+k_2\boldsymbol{\xi}_2+\cdots+k_{n-r}\boldsymbol{\xi}_{n-r}$，其中 k_1，k_2，…，k_{n-r} 为任意实数.

二、非齐次线性方程组

设有非齐次线性方程组

$$\begin{cases}a_{11}x_1+a_{12}x_2+\cdots+a_{1n}x_n=b_1\\a_{21}x_1+a_{22}x_2+\cdots+a_{2n}x_n=b_2\\\qquad\vdots\\a_{m1}x_1+a_{m2}x_2+\cdots+a_{mn}x_n=b_m\end{cases},\tag{3.14}$$

它也可写作向量方程

$$\boldsymbol{Ax}=\boldsymbol{b}.\tag{3.15}$$

方程(3.15)的解也就是方程组(3.14)的解向量，它具有如下性质.

性质 3.3 设 $\boldsymbol{\eta}_1$ 和 $\boldsymbol{\eta}_2$ 都是非齐次线性方程组(3.14)的解，则 $\boldsymbol{\eta}_1-\boldsymbol{\eta}_2$ 为对应的齐次线性

方程组

$$\boldsymbol{A}\boldsymbol{x}=\boldsymbol{0} \tag{3.16}$$

的解.

证明: $\boldsymbol{A}(\boldsymbol{\eta}_1-\boldsymbol{\eta}_2)=\boldsymbol{A}\boldsymbol{\eta}_1-\boldsymbol{A}\boldsymbol{\eta}_2=\boldsymbol{b}-\boldsymbol{b}=\boldsymbol{0}$，即 $\boldsymbol{\eta}_1-\boldsymbol{\eta}_2$ 满足方程(3.16).

性质 3.4 设 $\boldsymbol{\eta}$ 是方程(3.15)的解，$\boldsymbol{\xi}$ 是方程(3.16)的解，则 $\boldsymbol{\xi}+\boldsymbol{\eta}$ 仍是方程(3.15)的解.

证明: $\boldsymbol{A}(\boldsymbol{\xi}+\boldsymbol{\eta})=\boldsymbol{A}\boldsymbol{\xi}+\boldsymbol{A}\boldsymbol{\eta}=\boldsymbol{0}+\boldsymbol{b}=\boldsymbol{b}$，即 $\boldsymbol{\xi}+\boldsymbol{\eta}$ 满足方程(3.15).

由性质 3.3 可知，若求得方程(3.15)的一个解 $\boldsymbol{\eta}^*$，则方程(3.15)的任意解总可表示为 $\boldsymbol{\xi}+\boldsymbol{\eta}^*$. 其中，$\boldsymbol{\xi}$ 是方程(3.16)的解. 若方程(3.16)的通解为 $k_1\boldsymbol{\xi}_1+k_2\boldsymbol{\xi}_2+\cdots+k_{n-r}\boldsymbol{\xi}_{n-r}$，则方程(3.15)的任意解总可表示为

$$\boldsymbol{x}=k_1\boldsymbol{\xi}_1+k_2\boldsymbol{\xi}_2+\cdots+k_{n-r}\boldsymbol{\xi}_{n-r}+\boldsymbol{\eta}^*.$$

由性质 3.4 可知，对任意实数 $k_1, k_2, \cdots, k_{n-r}$，上式总是方程(3.15)的解，于是方程(3.15)的通解为

$$\boldsymbol{x}=k_1\boldsymbol{\xi}_1+k_2\boldsymbol{\xi}_2+\cdots+k_{n-r}\boldsymbol{\xi}_{n-r}+\boldsymbol{\eta}^* \quad (k_1, k_2, \cdots, k_{n-r}\text{ 为任意实数}).$$

其中，$\boldsymbol{\xi}_1, \boldsymbol{\xi}_2, \cdots, \boldsymbol{\xi}_{n-r}$ 是方程(3.16)的基础解系.

例 3.17 用基础解系表示如下非齐次线性方程组的通解.

$$\begin{cases} x_1+5x_2-x_3-x_4=-1 \\ x_1-2x_2+x_3+3x_4=3 \\ 3x_1+8x_2-x_3+x_4=1 \\ x_1-9x_2+3x_3+7x_4=7 \end{cases}.$$

解: 对增广矩阵 $\overline{\boldsymbol{A}}$ 施以初等行变换

$$\overline{\boldsymbol{A}}=\begin{pmatrix} 1 & 5 & -1 & -1 & -1 \\ 1 & -2 & 1 & 3 & 3 \\ 3 & 8 & -1 & 1 & 1 \\ 1 & -9 & 3 & 7 & 7 \end{pmatrix} \xrightarrow[r_4-r_1]{\substack{r_2-r_1 \\ r_3-3r_1}} \begin{pmatrix} 1 & 5 & -1 & -1 & -1 \\ 0 & -7 & 2 & 4 & 4 \\ 0 & -7 & 2 & 4 & 4 \\ 0 & -14 & 4 & 8 & 8 \end{pmatrix}$$

$$\xrightarrow[r_4-2r_2]{r_3-r_2} \begin{pmatrix} 1 & 5 & -1 & -1 & -1 \\ 0 & -7 & 2 & 4 & 4 \\ 0 & 0 & 0 & 0 & 0 \\ 0 & 0 & 0 & 0 & 0 \end{pmatrix} \xrightarrow{r_2\div(-7)} \begin{pmatrix} 1 & 5 & -1 & -1 & -1 \\ 0 & 1 & -\frac{2}{7} & -\frac{4}{7} & -\frac{4}{7} \\ 0 & 0 & 0 & 0 & 0 \\ 0 & 0 & 0 & 0 & 0 \end{pmatrix}$$

$$\xrightarrow{r_1-5r_2} \begin{pmatrix} 1 & 0 & \frac{3}{7} & \frac{13}{7} & \frac{13}{7} \\ 0 & 1 & -\frac{2}{7} & -\frac{4}{7} & -\frac{4}{7} \\ 0 & 0 & 0 & 0 & 0 \\ 0 & 0 & 0 & 0 & 0 \end{pmatrix}.$$

可见 $R(\boldsymbol{A})=R(\overline{\boldsymbol{A}})=2$，故线性方程组有解，并且有

$$\begin{cases} x_1 \quad + \dfrac{3}{7}x_3 + \dfrac{13}{7}x_4 = \dfrac{13}{7} \\ \quad x_2 - \dfrac{2}{7}x_3 - \dfrac{4}{7}x_4 = -\dfrac{4}{7} \end{cases},$$

即

$$\begin{cases} x_1 = \dfrac{13}{7} - \dfrac{3}{7}x_3 - \dfrac{13}{7}x_4 \\ x_2 = -\dfrac{4}{7} + \dfrac{2}{7}x_3 + \dfrac{4}{7}x_4 \end{cases}.$$

取 $\begin{pmatrix} x_3 \\ x_4 \end{pmatrix} = \begin{pmatrix} 0 \\ 0 \end{pmatrix}$，则 $\begin{pmatrix} x_1 \\ x_2 \end{pmatrix} = \begin{pmatrix} \dfrac{13}{7} \\ -\dfrac{4}{7} \end{pmatrix}$，即得方程组的一个特解 $\boldsymbol{\eta}^* = \begin{pmatrix} \dfrac{13}{7} \\ -\dfrac{4}{7} \\ 0 \\ 0 \end{pmatrix}$；若取 $\begin{pmatrix} x_3 \\ x_4 \end{pmatrix} = \begin{pmatrix} 1 \\ 0 \end{pmatrix}$，$\begin{pmatrix} 0 \\ 1 \end{pmatrix}$，则 $\begin{pmatrix} x_1 \\ x_2 \end{pmatrix} = \begin{pmatrix} \dfrac{10}{7} \\ -\dfrac{2}{7} \end{pmatrix}$，$\begin{pmatrix} 0 \\ 0 \end{pmatrix}$，即得对应的齐次线性方程组的基础解系为

$$\boldsymbol{\xi}_1 = \begin{pmatrix} \dfrac{10}{7} \\ -\dfrac{2}{7} \\ 1 \\ 0 \end{pmatrix},\ \boldsymbol{\xi}_2 = \begin{pmatrix} 0 \\ 0 \\ 0 \\ 1 \end{pmatrix},$$

故非齐次线性方程组的通解为

$$\boldsymbol{x} = \boldsymbol{\eta}^* + k_1\boldsymbol{\xi}_1 + k_2\boldsymbol{\xi}_2 = \begin{pmatrix} \dfrac{13}{7} \\ -\dfrac{4}{7} \\ 0 \\ 0 \end{pmatrix} + k_1\begin{pmatrix} \dfrac{10}{7} \\ -\dfrac{2}{7} \\ 1 \\ 0 \end{pmatrix} + k_2\begin{pmatrix} 0 \\ 0 \\ 0 \\ 1 \end{pmatrix}\ (k_1,\ k_2 \text{ 为任意实数}).$$

本章小结

本章介绍了线性代数的几何理论，介绍了向量的概念及向量组的相关性的相关定理，把线性方程组的理论“翻译”成几何语言，把矩阵的秩引申到向量组的秩，给秩的概念赋予几何意义，还进行了向量空间有关知识的介绍.

本章最后部分内容是用几何语言讨论线性方程组的解，建立起线性方程组的另一个重要理论，阐明了齐次和非齐次线性方程组通解的结构，这是本章的又一重点.

课程思政

在线性方程组部分的学习过程中，思政元素体现在以下几个方面.

解决问题的方法论. 线性方程组是线性代数中的一个核心内容，其解决方法和思路可以作为思考和分析问题的范本．通过学习如何求解线性方程组，可以体验到数学方法论的魅力，并培养解决问题的能力和素养.

数学建模思想. 线性方程组是一种数学模型，可以描述物理、工程、经济等领域中的各种实际问题．通过学习如何建立线性方程组，可以了解数学建模的基本思想和步骤，培养解决实际问题的能力.

合作与团队意识. 求解线性方程组往往需要多个步骤和多种方法，需要具备合作和团队意识．通过小组讨论和合作，可以互相学习和交流，共同解决问题，培养团队合作的能力.

创新意识. 求解线性方程组的方法和技巧并非一成不变，需要具备创新意识和探索精神，通过尝试不同的方法，可以拓展思路，培养创新思维和能力.

应用意识. 线性方程组在实际生活中的应用非常广泛，如物理、工程、经济等领域。通过了解这些应用，可以认识到数学的重要性和实用性，培养数学应用意识和能力.

将思政元素融入线性方程组部分的学习，可以更好地理解和掌握数学知识，也可以培养思想品质和素养.

习题三

1. 设 $\boldsymbol{\alpha}=(2,0,-1,3)^{\mathrm{T}}$，$\boldsymbol{\beta}=(1,7,4,-2)^{\mathrm{T}}$，$\boldsymbol{\gamma}=(0,1,0,1)^{\mathrm{T}}$.

(1) 求 $2\boldsymbol{\alpha}+\boldsymbol{\beta}-3\boldsymbol{\gamma}$；

(2) 若有 $\boldsymbol{x}$，满足 $3\boldsymbol{\alpha}-\boldsymbol{\beta}+5\boldsymbol{\gamma}+2\boldsymbol{x}=\boldsymbol{0}$，求 $\boldsymbol{x}$.

2. 已知向量 $\boldsymbol{\alpha}_1=(5,2,1,3)$，$\boldsymbol{\alpha}_2=(10,1,5,10)$，$\boldsymbol{\alpha}_3=(4,1,-1,1)$，满足 $3(\boldsymbol{\alpha}_1-\boldsymbol{\alpha})+2(\boldsymbol{\alpha}_2-\boldsymbol{\alpha})-5(\boldsymbol{\alpha}_3+\boldsymbol{\alpha})$，求 $\boldsymbol{\alpha}$.

3. 判断下列向量组的线性相关性.

(1) $\boldsymbol{\alpha}_1=(1,0,1)^{\mathrm{T}}$，$\boldsymbol{\alpha}_2=(-1,2,2)^{\mathrm{T}}$，$\boldsymbol{\alpha}_3=(1,2,4)^{\mathrm{T}}$；

(2) $\boldsymbol{\alpha}_1=(1,2,3)^{\mathrm{T}}$，$\boldsymbol{\alpha}_2=(2,3,1)^{\mathrm{T}}$，$\boldsymbol{\alpha}_3=(3,1,2)^{\mathrm{T}}$；

(3) $\boldsymbol{\alpha}_1=(1,-2,3)^{\mathrm{T}}$，$\boldsymbol{\alpha}_2=(-1,1,2)^{\mathrm{T}}$，$\boldsymbol{\alpha}_3=(-1,2,-5)^{\mathrm{T}}$；

(4) $\boldsymbol{\alpha}_1=(0,1,2,3)^{\mathrm{T}}$，$\boldsymbol{\alpha}_2=(1,2,3,0)^{\mathrm{T}}$，$\boldsymbol{\alpha}_3=(2,3,1,0)^{\mathrm{T}}$.

4. 问 t 取什么值时，下列向量线性相关？线性无关？

$$\boldsymbol{\alpha}_1=(1,1,0)^{\mathrm{T}},\ \boldsymbol{\alpha}_2=(1,3,-1)^{\mathrm{T}},\ \boldsymbol{\alpha}_3=(5,3,t)^{\mathrm{T}}.$$

5. 求下列向量组的秩和极大无关组.

(1) $\boldsymbol{\alpha}_1=(1,1,0)^{\mathrm{T}}$，$\boldsymbol{\alpha}_2=(0,2,0)^{\mathrm{T}}$，$\boldsymbol{\alpha}_3=(0,0,3)^{\mathrm{T}}$；

(2) $\boldsymbol{\alpha}_1=(1,1,1)^{\mathrm{T}}$，$\boldsymbol{\alpha}_2=(1,1,0)^{\mathrm{T}}$，$\boldsymbol{\alpha}_3=(1,0,0)^{\mathrm{T}}$，$\boldsymbol{\alpha}_4=(1,-2,-3)^{\mathrm{T}}$；

(3) $\boldsymbol{\alpha}_1=(2,1,-1,-1)^{\mathrm{T}}$，$\boldsymbol{\alpha}_2=(0,3,-2,0)^{\mathrm{T}}$，$\boldsymbol{\alpha}_3=(2,4,-3,-1)^{\mathrm{T}}$；

(4) $\boldsymbol{\alpha}_1=(1,1,-1)^{\mathrm{T}}$，$\boldsymbol{\alpha}_2=(3,4,-2)^{\mathrm{T}}$，$\boldsymbol{\alpha}_3=(2,4,0)^{\mathrm{T}}$，$\boldsymbol{\alpha}_4=(0,1,1)^{\mathrm{T}}$；

(5) $\boldsymbol{\alpha}_1=(1,0,-1,0)^{\mathrm{T}}$，$\boldsymbol{\alpha}_2=(-1,2,0,1)^{\mathrm{T}}$，$\boldsymbol{\alpha}_3=(-1,4,-1,2)^{\mathrm{T}}$，$\boldsymbol{\alpha}_4=(0,0,5,5)^{\mathrm{T}}$，$\boldsymbol{\alpha}_5=(0,1,1,2)^{\mathrm{T}}$.

6. 下列集合中哪些是向量空间？

(1) $V_1=\{(x, y, z) \mid x, y, z\in\mathbf{R}, xy=0\}$；

(2) $V_2=\{(x, y, z) \mid x, y, z\in\mathbf{R}, x^2=1\}$；

(3) $V_3=\{(x, y, z) \mid x, y, z\in\mathbf{R}, x+2y+3z=0\}$；

(4) $V_4=\{(x, y, z) \mid x, y, z\in\mathbf{R}, x^2+y^2+z^2=1\}$.

7. 求下列齐次线性方程组的一个基础解系和它的通解.

(1) $\begin{cases}3x_1+2x_2-5x_3+4x_4=0\\3x_1-x_2+3x_3-3x_4=0\\3x_1+5x_2-13x_3+11x_4=0\end{cases}$；

(2) $\begin{cases}2x_1-5x_2+x_3-3x_4=0\\-3x_1+4x_2-2x_3+x_4=0\\x_1+2x_2-x_3+3x_4=0\\-2x_1+15x_2-6x_3+13x_4=0\end{cases}$；

(3) $\begin{cases}x_1+x_2-x_3-x_4+x_5=0\\2x_1+x_2+x_3+x_4+4x_5=0\\4x_1+3x_2-x_3-x_4+6x_5=0\\x_1+2x_2-4x_3-4x_4-x_5=0\end{cases}$.

8. 判断下列方程组解的情况，若有无穷多个解，求出方程组的通解.

(1) $\begin{cases}2x_1+x_2-x_3+x_4=1\\3x_1-2x_2+2x_3-3x_4=2\\5x_1+x_2-x_3+2x_4=-1\\2x_1-x_2+x_3-3x_4=4\end{cases}$；

(2) $\begin{cases}2x_1+x_2-x_3+x_4=1\\3x_1-2x_2+x_3-3x_4=4\\x_1+4x_2-3x_3+5x_4=-2\end{cases}$；

(3) $\begin{cases}x_1+2x_2+4x_3-3x_4=1\\3x_1+5x_2+6x_3-4x_4=1\\4x_1+5x_2-2x_3+3x_4=-2\end{cases}$；

(4) $\begin{cases}x_1-x_2-x_3+x_4=0\\x_1-x_2+x_3-3x_4=1\\x_1-x_2-2x_3+3x_4=-\dfrac{1}{2}\end{cases}$.

第四章 矩阵的特征值与特征向量

用矩阵来分析经济现象和计算经济问题时，通常需要讨论矩阵的特征值与特征向量．本章将主要学习方阵的特征值与特征向量、方阵的对角化等问题.

第一节 向量的内积

本节中，要将数量积的概念推广到 n 维向量空间中，引入内积的概念，并由此进一步定义 n 维向量空间的长度、距离和垂直等概念．

定义 4.1 设有 n 维向量

$$\boldsymbol{x}=\begin{pmatrix}x_1\\x_2\\\vdots\\x_n\end{pmatrix},\ \boldsymbol{y}=\begin{pmatrix}y_1\\y_2\\\vdots\\y_n\end{pmatrix},$$

称 $x_1y_1+x_2y_2+\cdots+x_ny_n$ 为向量 $\boldsymbol{x}$ 与向量 $\boldsymbol{y}$ 的**内积**，用符号 $[\boldsymbol{x},\boldsymbol{y}]$ 表示，即

$$[\boldsymbol{x},\boldsymbol{y}]=x_1y_1+x_2y_2+\cdots+x_ny_n.$$

(1) 内积有时也记作 $<\boldsymbol{x},\boldsymbol{y}>$；

(2) 内积是两个向量之间的一种运算，其结果是一个实数，若将 n 维向量和矩阵联系起来，则 $[\boldsymbol{x},\boldsymbol{y}]=\boldsymbol{x}^{\mathrm{T}}\boldsymbol{y}$.

设 $\boldsymbol{x}$、$\boldsymbol{y}$、$\boldsymbol{z}$ 为 n 维向量，λ 为实数，n 维向量的内积具有下列运算律：

(1) $[\boldsymbol{x},\boldsymbol{y}]=[\boldsymbol{y},\boldsymbol{x}]$；

(2) $[\lambda\boldsymbol{x},\boldsymbol{y}]=\lambda[\boldsymbol{x},\boldsymbol{y}]$；

(3) $[\boldsymbol{x}+\boldsymbol{y},\boldsymbol{z}]=[\boldsymbol{x},\boldsymbol{z}]+[\boldsymbol{y},\boldsymbol{z}]$；

(4) 当 $\boldsymbol{x}=\boldsymbol{0}$ 时，$[\boldsymbol{x},\boldsymbol{x}]=0$，当 $\boldsymbol{x}\neq\boldsymbol{0}$ 时，$[\boldsymbol{x},\boldsymbol{x}]>0$.

定义 4.2 设 $\|\boldsymbol{x}\|=\sqrt{[\boldsymbol{x},\boldsymbol{x}]}=\sqrt{x_1^2+x_2^2+\cdots+x_n^2}$，称 $\|\boldsymbol{x}\|$ 为 n 维向量 $\boldsymbol{x}$ 的**长度**（或**范数**）．当 $\|\boldsymbol{x}\|=1$ 时，称 $\boldsymbol{x}$ 为**单位向量**.

n 维向量的长度有下列运算律：

(1) 当 $\boldsymbol{x}=\boldsymbol{0}$ 时，$\|\boldsymbol{x}\|=0$，当 $\boldsymbol{x}\neq\boldsymbol{0}$ 时，$\|\boldsymbol{x}\|>0$；

(2) $\|\lambda\boldsymbol{x}\|=|\lambda|\,\|\boldsymbol{x}\|$，$\lambda$ 为实数；

(3) $\|\boldsymbol{x}+\boldsymbol{y}\| \leqslant \|\boldsymbol{x}\| + \|\boldsymbol{y}\|$;

(4)对任意 n 维向量 $\boldsymbol{x}$、$\boldsymbol{y}$，有 $|[\boldsymbol{x}, \boldsymbol{y}]| \leqslant \|\boldsymbol{x}\| \cdot \|\boldsymbol{y}\|$.

对 n 维空间中的任意非零向量 $\boldsymbol{x}$，向量 $\dfrac{\boldsymbol{x}}{\|\boldsymbol{x}\|}$ 是一个单位向量.

定义 4.3 若 $[\boldsymbol{x}, \boldsymbol{y}]=0$，称 n 维向量 $\boldsymbol{x}$ 与 n 维向量 $\boldsymbol{y}$ **正交**. 显然，若 $\boldsymbol{x}=\boldsymbol{0}$，则 $\boldsymbol{x}$ 与任何 n 维向量正交.

定义 4.4 若一个非零向量组中的向量两两正交，则称此向量组为**正交向量组**.

定理 4.1 若 n 维向量 $\boldsymbol{\alpha}_1, \boldsymbol{\alpha}_2, \cdots, \boldsymbol{\alpha}_r$ 是一正交向量组，则 $\boldsymbol{\alpha}_1, \boldsymbol{\alpha}_2, \cdots, \boldsymbol{\alpha}_r$ 线性无关.

证明： 设有 r 个实数 $k_1, k_2, \cdots, k_r$ 使 $k_1\boldsymbol{\alpha}_1 + k_2\boldsymbol{\alpha}_2 + \cdots + k_r\boldsymbol{\alpha}_r = \boldsymbol{0}$，以 $\boldsymbol{\alpha}_i^{\mathrm{T}}$ 左乘上式两端，由于 $\boldsymbol{\alpha}_1, \boldsymbol{\alpha}_2, \cdots, \boldsymbol{\alpha}_r$ 是正交向量组，因此 $\boldsymbol{\alpha}_i^{\mathrm{T}}\boldsymbol{\alpha}_j = 0(i \neq j)$. 故得

$$k_i\boldsymbol{\alpha}_i^{\mathrm{T}}\boldsymbol{\alpha}_i = 0.$$

由于 $\boldsymbol{\alpha}_i \neq \boldsymbol{0}$，因此 $\boldsymbol{\alpha}_i^{\mathrm{T}}\boldsymbol{\alpha}_i = \|\boldsymbol{\alpha}_i\|^2 \neq 0$，从而必有

$$k_i = 0,$$

所以向量组 $\boldsymbol{\alpha}_1, \boldsymbol{\alpha}_2, \cdots, \boldsymbol{\alpha}_r$ 线性无关.

例 4.1 已知三维向量空间 $\mathbf{R}^3$ 中的两个向量

$$\boldsymbol{\alpha}_1 = \begin{pmatrix} -1 \\ 0 \\ 1 \end{pmatrix}, \boldsymbol{\alpha}_2 = \begin{pmatrix} 1 \\ -2 \\ a \end{pmatrix}$$

正交，试求 a.

解： $[\boldsymbol{\alpha}_1, \boldsymbol{\alpha}_2] = (-1)\times 1 + 0 \times(-2) + 1 \times a = a - 1 = 0$，故 $a = 1$.

定义 4.5 若一个正交向量组中的每一个向量都是单位向量，则称这样的向量组为**规范正交向量组**.

如何将一个线性无关的向量组化为与之等价的规范正交向量组呢？下面介绍一种将一个向量组规范正交化的过程——**施密特正交化**(Schmidt Orthogonalization)过程.

设 $\boldsymbol{\alpha}_1, \boldsymbol{\alpha}_2, \cdots, \boldsymbol{\alpha}_r$ 是一个向量组，取

$$\boldsymbol{\beta}_1 = \boldsymbol{\alpha}_1,$$

$$\boldsymbol{\beta}_2 = \boldsymbol{\alpha}_2 - \frac{[\boldsymbol{\beta}_1, \boldsymbol{\alpha}_2]}{[\boldsymbol{\beta}_1, \boldsymbol{\beta}_1]}\boldsymbol{\beta}_1,$$

$$\boldsymbol{\beta}_3 = \boldsymbol{\alpha}_3 - \frac{[\boldsymbol{\beta}_1, \boldsymbol{\alpha}_3]}{[\boldsymbol{\beta}_1, \boldsymbol{\beta}_1]}\boldsymbol{\beta}_1 - \frac{[\boldsymbol{\beta}_2, \boldsymbol{\alpha}_3]}{[\boldsymbol{\beta}_2, \boldsymbol{\beta}_2]}\boldsymbol{\beta}_2,$$

$$\cdots$$

$$\boldsymbol{\beta}_r = \boldsymbol{\alpha}_r - \frac{[\boldsymbol{\beta}_1, \boldsymbol{\alpha}_r]}{[\boldsymbol{\beta}_1, \boldsymbol{\beta}_1]}\boldsymbol{\beta}_1 - \frac{[\boldsymbol{\beta}_2, \boldsymbol{\alpha}_r]}{[\boldsymbol{\beta}_2, \boldsymbol{\beta}_2]}\boldsymbol{\beta}_2 - \cdots - \frac{[\boldsymbol{\beta}_{r-1}, \boldsymbol{\alpha}_r]}{[\boldsymbol{\beta}_{r-1}, \boldsymbol{\beta}_{r-1}]}\boldsymbol{\beta}_{r-1},$$

则容易验证向量组 $\boldsymbol{\beta}_1, \boldsymbol{\beta}_2, \cdots, \boldsymbol{\beta}_r$ 两两正交，且 $\boldsymbol{\beta}_1, \boldsymbol{\beta}_2, \cdots, \boldsymbol{\beta}_r$ 与 $\boldsymbol{\alpha}_1, \boldsymbol{\alpha}_2, \cdots, \boldsymbol{\alpha}_r$ 等价.

然后将向量组 $\boldsymbol{\beta}_1, \boldsymbol{\beta}_2, \cdots, \boldsymbol{\beta}_r$ 单位化，即取

$$\boldsymbol{e}_1 = \frac{1}{\|\boldsymbol{\beta}_1\|}\boldsymbol{\beta}_1, \boldsymbol{e}_2 = \frac{1}{\|\boldsymbol{\beta}_2\|}\boldsymbol{\beta}_2, \cdots, \boldsymbol{e}_r = \frac{1}{\|\boldsymbol{\beta}_r\|}\boldsymbol{\beta}_r,$$

则 $\boldsymbol{e}_1, \boldsymbol{e}_2, \cdots, \boldsymbol{e}_r$ 就是一个规范正交向量组.

思考：为什么必须是一个线性无关的向量组才能被规范正交化？

例 4.2　设 $\boldsymbol{\alpha}_1=\begin{pmatrix}1\\1\\0\end{pmatrix}, \boldsymbol{\alpha}_2=\begin{pmatrix}1\\0\\1\end{pmatrix}, \boldsymbol{\alpha}_3=\begin{pmatrix}-1\\1\\1\end{pmatrix}$，试用施密特正交化过程把这个向量组规范正交化.

解：先正交化，取

$$\boldsymbol{\beta}_1=\boldsymbol{\alpha}_1=\begin{pmatrix}1\\1\\0\end{pmatrix},$$

$$\boldsymbol{\beta}_2=\boldsymbol{\alpha}_2-\frac{[\boldsymbol{\beta}_1, \boldsymbol{\alpha}_2]}{[\boldsymbol{\beta}_1, \boldsymbol{\beta}_1]}\boldsymbol{\beta}_1=\begin{pmatrix}1\\0\\1\end{pmatrix}-\frac{1}{2}\begin{pmatrix}1\\1\\0\end{pmatrix}=\frac{1}{2}\begin{pmatrix}1\\-1\\2\end{pmatrix},$$

$$[\boldsymbol{\alpha}_1, \boldsymbol{\alpha}_3]=(-1)\times 1+1\times 1+0\times 1=0,$$

$$[\boldsymbol{\alpha}_2, \boldsymbol{\alpha}_3]=1\times(-1)+0\times 1+1\times 1=0,$$

$$\boldsymbol{\beta}_3=\boldsymbol{\alpha}_3,$$

再单位化，取

$$\boldsymbol{e}_1=\frac{1}{\|\boldsymbol{\beta}_1\|}\boldsymbol{\beta}_1=\frac{1}{\sqrt{2}}\begin{pmatrix}1\\1\\0\end{pmatrix}, \boldsymbol{e}_2=\frac{1}{\|\boldsymbol{\beta}_2\|}\boldsymbol{\beta}_2=\frac{1}{\sqrt{6}}\begin{pmatrix}1\\-1\\2\end{pmatrix}, \boldsymbol{e}_3=\frac{1}{\|\boldsymbol{\beta}_3\|}\boldsymbol{\alpha}_3=\frac{1}{\sqrt{3}}\begin{pmatrix}-1\\1\\1\end{pmatrix},$$

则 $\boldsymbol{e}_1, \boldsymbol{e}_2, \boldsymbol{e}_3$ 为所求的规范正交向量组.

例 4.3　已知三维向量空间中的两个向量 $\boldsymbol{\alpha}_1=\begin{pmatrix}1\\1\\1\end{pmatrix}, \boldsymbol{\alpha}_2=\begin{pmatrix}1\\-2\\1\end{pmatrix}$ 正交，试求 $\boldsymbol{\alpha}_3$，使 $\boldsymbol{\alpha}_1$、$\boldsymbol{\alpha}_2$、$\boldsymbol{\alpha}_3$ 构成三维空间的一个正交基.

解：设 $\boldsymbol{\alpha}_3=(x_1, x_2, x_3)^{\mathrm{T}}\neq\boldsymbol{0}$，且分别与 $\boldsymbol{\alpha}_1$、$\boldsymbol{\alpha}_2$ 正交．则 $[\boldsymbol{\alpha}_1, \boldsymbol{\alpha}_3]=[\boldsymbol{\alpha}_2, \boldsymbol{\alpha}_3]=0$，即

$$\begin{cases}[\boldsymbol{\alpha}_1, \boldsymbol{\alpha}_3]=x_1+x_2+x_3=0\\ [\boldsymbol{\alpha}_2, \boldsymbol{\alpha}_3]=x_1-2x_2+x_3=0\end{cases},$$

解之得

$$x_1=-x_3, \quad x_2=0.$$

令 $x_3=1$，则

$$\boldsymbol{\alpha}_3=\begin{pmatrix}x_1\\x_2\\x_3\end{pmatrix}=\begin{pmatrix}-1\\0\\1\end{pmatrix}.$$

由上可知，$\boldsymbol{\alpha}_1$、$\boldsymbol{\alpha}_2$、$\boldsymbol{\alpha}_3$ 构成三维空间的一个正交基.

定义 4.6　若 n 阶方阵 $\boldsymbol{A}$ 满足 $\boldsymbol{A}^{\mathrm{T}}\boldsymbol{A}=\boldsymbol{E}$，即 $\boldsymbol{A}^{\mathrm{T}}=\boldsymbol{A}^{-1}$，则称 $\boldsymbol{A}$ 为正交矩阵.

定理 4.2　n 阶方阵 $\boldsymbol{A}$ 为正交矩阵的充分必要条件是 $\boldsymbol{A}$ 的列向量(或行向量)都是单位向

量，且两两正交.

例 4.4 判别下列矩形是否为正交矩阵.

(1) $\begin{pmatrix} 1 & -1/2 & 1/3 \\ -1/2 & 1 & 1/2 \\ 1/3 & 1/2 & -1 \end{pmatrix}$； (2) $\begin{pmatrix} 1/9 & -8/9 & -4/9 \\ -8/9 & 1/9 & -4/9 \\ -4/9 & -4/9 & 7/9 \end{pmatrix}$.

解：(1) 考察矩阵的第 1 列和第 2 列，因为

$$1\times\left(-\frac{1}{2}\right)+\left(-\frac{1}{2}\right)\times 1+\frac{1}{3}\times\frac{1}{2}\neq 0,$$

所以它不是正交矩阵.

(2) 由正交矩阵的定义，因为

$$\begin{pmatrix} 1/9 & -8/9 & -4/9 \\ -8/9 & 1/9 & -4/9 \\ -4/9 & -4/9 & 7/9 \end{pmatrix}\begin{pmatrix} 1/9 & -8/9 & -4/9 \\ -8/9 & 1/9 & -4/9 \\ -4/9 & -4/9 & 7/9 \end{pmatrix}^{\mathrm{T}}=\begin{pmatrix} 1 & 0 & 0 \\ 0 & 1 & 0 \\ 0 & 0 & 1 \end{pmatrix},$$

所以它是正交矩阵.

正交矩阵满足下列性质：

(1) 若 $\boldsymbol{A}$ 为正交矩阵，则 $\boldsymbol{A}^{-1}=\boldsymbol{A}^{\mathrm{T}}$ 也是正交矩阵，且 $|\boldsymbol{A}|=1$ 或 $|\boldsymbol{A}|=-1$；

(2) 若 $\boldsymbol{A}$ 和 $\boldsymbol{B}$ 都是正交矩阵，则 $\boldsymbol{AB}$ 也是正交矩阵.

上述性质都可用正交矩阵的定义直接证得.

定义 4.7 若 $\boldsymbol{A}$ 为正交矩阵，则线性变换 $\boldsymbol{y}=\boldsymbol{Ax}$ 称为**正交变换**.

正交变换的性质：正交变换不改变向量的长度.

这是由于，若设 $\boldsymbol{y}=\boldsymbol{Ax}$ 为正交变换，则 $\boldsymbol{A}^{\mathrm{T}}\boldsymbol{A}=\boldsymbol{E}$，从而 $\|\boldsymbol{y}\|=\sqrt{\boldsymbol{y}^{\mathrm{T}}\boldsymbol{y}}=\sqrt{\boldsymbol{x}^{\mathrm{T}}\boldsymbol{A}^{\mathrm{T}}\boldsymbol{Ax}}=\sqrt{\boldsymbol{x}^{\mathrm{T}}\boldsymbol{Ex}}=\sqrt{\boldsymbol{x}^{\mathrm{T}}\boldsymbol{x}}=\|\boldsymbol{x}\|$.

第二节 特征值与特征向量

在前面学习了矩阵的秩，矩阵的秩能决定矩阵的一些性质，本节将要讨论的矩阵的特征值与特征向量也能决定矩阵的一些性质.

定义 4.8 设 $\boldsymbol{A}$ 为 n 阶方阵，如果存在数 λ 和 n 维非零向量 $\boldsymbol{\alpha}$，使 $\boldsymbol{A\alpha}=\lambda\boldsymbol{\alpha}$ 成立，那么数 λ 称为方阵 $\boldsymbol{A}$ 的**特征值**，n 维非零向量 $\boldsymbol{\alpha}$ 称为方阵 $\boldsymbol{A}$ 的对应于特征值 λ 的**特征向量**.

例如，三阶方阵 $\boldsymbol{A}=\begin{pmatrix} 2 & 1 & 1 \\ 1 & 2 & 1 \\ 1 & 1 & 2 \end{pmatrix}$，三维向量 $\boldsymbol{\alpha}=\begin{pmatrix} 1 \\ 1 \\ 1 \end{pmatrix}$ 和数 $\lambda=4$ 就满足 $\boldsymbol{A\alpha}=\lambda\boldsymbol{\alpha}$.

因此，数 4 称为方阵 $\boldsymbol{A}$ 的特征值，非零向量 $\boldsymbol{\alpha}=\begin{pmatrix} 1 \\ 1 \\ 1 \end{pmatrix}$ 称为方阵 $\boldsymbol{A}$ 的对应于特征值 4 的特征向量.

特征向量具有如下性质：

(1)若向量 $\boldsymbol{\alpha}$ 是方阵 $\boldsymbol{A}$ 的对应于特征值 λ 的特征向量，则 $k\boldsymbol{\alpha}(k \neq 0)$ 也是方阵 $\boldsymbol{A}$ 的对应于特征值 λ 的特征向量；

(2)若向量 $\boldsymbol{\alpha}_1$、$\boldsymbol{\alpha}_2$ 都是方阵 $\boldsymbol{A}$ 的对应于特征值 λ 的特征向量，且 $\boldsymbol{\alpha}_1+\boldsymbol{\alpha}_2 \neq 0$，则 $\boldsymbol{\alpha}_1+\boldsymbol{\alpha}_2$ 也是方阵 $\boldsymbol{A}$ 的对应于特征值 λ 的特征向量；

(3)若向量 $\boldsymbol{\alpha}_1$，$\boldsymbol{\alpha}_2$，…，$\boldsymbol{\alpha}_r$ 都是方阵 $\boldsymbol{A}$ 的对应于特征值 λ 的特征向量，k_1，k_2，…，k_r 是一组数，且 $k_1\boldsymbol{\alpha}_1+k_2\boldsymbol{\alpha}_2+\cdots+k_r\boldsymbol{\alpha}_r \neq \mathbf{0}$，则 $k_1\boldsymbol{\alpha}_1+k_2\boldsymbol{\alpha}_2+\cdots+k_r\boldsymbol{\alpha}_r$ 也是方阵 $\boldsymbol{A}$ 的对应于特征值 λ 的特征向量.

由 $\boldsymbol{Ax}=\lambda\boldsymbol{x}$ 变形为 $(\boldsymbol{A}-\lambda\boldsymbol{E})\boldsymbol{x}=\mathbf{0}$，这是一个 n 元齐次线性方程组．由于 $\boldsymbol{x} \neq \mathbf{0}$，因此 n 元齐次线性方程组 $(\boldsymbol{A}-\lambda\boldsymbol{E})\boldsymbol{x}=\mathbf{0}$ 有非零解，从而 $|\boldsymbol{A}-\lambda\boldsymbol{E}|=0$.

定义 4.9　设 $f(\lambda)=|\boldsymbol{A}-\lambda\boldsymbol{E}|$，它称为方阵 $\boldsymbol{A}$ 的**特征多项式**，方程 $|\boldsymbol{A}-\lambda\boldsymbol{E}|=0$ 称为方阵 $\boldsymbol{A}$ 的**特征方程**.

怎样求一个方阵的特征值和特征向量？下面是求一个方阵的特征值和特征向量的一般步骤.

(1)求特征方程 $|\boldsymbol{A}-\lambda\boldsymbol{E}|=0$ 的全部根，得到的全部根也就是方阵 $\boldsymbol{A}$ 的全部特征值.

(2)将每一个特征值代入 n 元齐次线性方程组 $(\boldsymbol{A}-\lambda\boldsymbol{E})\boldsymbol{x}=\mathbf{0}$，并求得它的基础解系．设其基础解系为 $\boldsymbol{\xi}_1$，$\boldsymbol{\xi}_2$，…，$\boldsymbol{\xi}_{n-r}$，则 $\boldsymbol{A}$ 的对应于此特征值的全部特征向量为

$$k_1\boldsymbol{\xi}_1+k_2\boldsymbol{\xi}_2+\cdots+k_{n-r}\boldsymbol{\xi}_{n-r},$$

其中，数 k_1，k_2，…，k_{n-r} 不全为 0.

例 4.5　求矩阵 $\boldsymbol{A}=\begin{pmatrix}3 & 1\\5 & -1\end{pmatrix}$ 的特征值和特征向量.

解：特征方程为 $\begin{vmatrix}3-\lambda & 1\\5 & -1-\lambda\end{vmatrix}=0$，特征根为 $\lambda_1=4$，$\lambda_2=-2$.

将 $\lambda_1=4$ 代入齐次线性方程组 $(\boldsymbol{A}-\lambda\boldsymbol{E})\boldsymbol{x}=\mathbf{0}$，得

$$\begin{pmatrix}-1 & 1\\5 & -5\end{pmatrix}\begin{pmatrix}x_1\\x_2\end{pmatrix}=\begin{pmatrix}0\\0\end{pmatrix},$$

求得其基础解系为 $\boldsymbol{\xi}_1=\begin{pmatrix}1\\1\end{pmatrix}$，从而对应于 $\lambda_1=4$ 的全部特征向量为

$$k_1\boldsymbol{\xi}_1=k_1\begin{pmatrix}1\\1\end{pmatrix}\ (k_1 \text{ 为任意非零常数}).$$

将 $\lambda_2=-2$ 代入齐次线性方程组 $(\boldsymbol{A}-\lambda\boldsymbol{E})\boldsymbol{x}=\mathbf{0}$，得

$$\begin{pmatrix}5 & 1\\5 & 1\end{pmatrix}\begin{pmatrix}x_1\\x_2\end{pmatrix}=\begin{pmatrix}0\\0\end{pmatrix},$$

求得其基础解系为 $\boldsymbol{\xi}_2=\begin{pmatrix}1\\-5\end{pmatrix}$，从而对应于 $\lambda_2=-2$ 的全部特征向量为

$$k_2\boldsymbol{\xi}_2=k_2\begin{pmatrix}1\\-5\end{pmatrix}\ (k_2 \text{ 为任意非零常数}).$$

例 4.6　求矩阵 $\boldsymbol{A}=\begin{pmatrix}1 & 1 & -2\\1 & 5 & 0\\-2 & 0 & 5\end{pmatrix}$ 的特征值和特征向量.

解：特征方程为

$$|\boldsymbol{A}-\lambda\boldsymbol{E}|=\begin{vmatrix}1-\lambda & 1 & -2\\ 1 & 5-\lambda & 0\\ -2 & 0 & 5-\lambda\end{vmatrix}=\begin{vmatrix}1-\lambda & 1 & -2\\ 1 & 5-\lambda & 0\\ 0 & 2(5-\lambda) & 5-\lambda\end{vmatrix}$$

$$=\begin{vmatrix}1-\lambda & 5 & -2\\ 1 & 5-\lambda & 0\\ 0 & 0 & 5-\lambda\end{vmatrix}=(5-\lambda)(\lambda^2-6\lambda),$$

特征根为 $\lambda_1=0$，$\lambda_2=5$，$\lambda_3=6$.

将 $\lambda_1=0$ 代入齐次线性方程组 $(\boldsymbol{A}-\lambda\boldsymbol{E})\boldsymbol{x}=\boldsymbol{0}$，得

$$\begin{pmatrix}1 & 1 & -2\\ 1 & 5 & 0\\ -2 & 0 & 5\end{pmatrix}\begin{pmatrix}x_1\\ x_2\\ x_3\end{pmatrix}=\begin{pmatrix}0\\ 0\\ 0\end{pmatrix},$$

求得其基础解系为 $\boldsymbol{\xi}_1=\begin{pmatrix}5\\ -1\\ 2\end{pmatrix}$，从而对应于 $\lambda_1=0$ 的全部特征向量为

$$k_1\boldsymbol{\xi}_1=k_1\begin{pmatrix}5\\ -1\\ 2\end{pmatrix}\ (k_1\text{ 为任意非零常数}).$$

将 $\lambda_2=5$ 代入齐次线性方程组 $(\boldsymbol{A}-\lambda\boldsymbol{E})\boldsymbol{x}=\boldsymbol{0}$，得

$$\begin{pmatrix}-4 & 1 & -2\\ 1 & 0 & 0\\ -2 & 0 & 0\end{pmatrix}\begin{pmatrix}x_1\\ x_2\\ x_3\end{pmatrix}=\begin{pmatrix}0\\ 0\\ 0\end{pmatrix},$$

求得其基础解系为 $\boldsymbol{\xi}_2=\begin{pmatrix}0\\ 2\\ 1\end{pmatrix}$，从而对应于 $\lambda_2=5$ 的全部特征向量为

$$k_2\boldsymbol{\xi}_2=k_2\begin{pmatrix}0\\ 2\\ 1\end{pmatrix}\ (k_2\text{ 为任意非零常数}).$$

将 $\lambda_3=6$ 代入齐次线性方程组 $(\boldsymbol{A}-\lambda\boldsymbol{E})\boldsymbol{x}=\boldsymbol{0}$，得

$$\begin{pmatrix}-5 & 1 & -2\\ 1 & -1 & 0\\ -2 & 0 & -1\end{pmatrix}\begin{pmatrix}x_1\\ x_2\\ x_3\end{pmatrix}=\begin{pmatrix}0\\ 0\\ 0\end{pmatrix},$$

求得其基础解系为 $\boldsymbol{\xi}_3=\begin{pmatrix}1\\ 1\\ -2\end{pmatrix}$，从而对应于 $\lambda_3=6$ 的全部特征向量为

$$k_3\boldsymbol{\xi}_3=k_3\begin{pmatrix}1\\ 1\\ -2\end{pmatrix}\ (k_3\text{ 为任意非零常数}).$$

定理 4.3　方阵 $\boldsymbol{A}$ 与其转置矩阵 $\boldsymbol{A}^{\mathrm{T}}$ 有相同的特征多项式，从而有相同的特征值.

证明：由于 $|\boldsymbol{A}^{\mathrm{T}}-\lambda\boldsymbol{E}|=|\boldsymbol{A}^{\mathrm{T}}-\lambda\boldsymbol{E}^{\mathrm{T}}|=|(\boldsymbol{A}-\lambda\boldsymbol{E})^{\mathrm{T}}|=|\boldsymbol{A}-\lambda\boldsymbol{E}|$，因此方阵 $\boldsymbol{A}$ 与其转置矩阵 $\boldsymbol{A}^{\mathrm{T}}$ 有相同的特征多项式，从而有相同的特征值.

定理 4.4　设 $\lambda_1,\lambda_2,\cdots,\lambda_n$ 是 n 阶方阵 $\boldsymbol{A}$ 的 n 个特征值，则：

(1) $\lambda_1+\lambda_2+\cdots+\lambda_n=a_{11}+a_{22}+\cdots+a_{nn}$；

(2) $\lambda_1\cdot\lambda_2\cdot\cdots\cdot\lambda_n=|\boldsymbol{A}|$.

证明略.

定理 4.5　若 $\boldsymbol{A}$ 可逆，且 $\boldsymbol{\alpha}$ 为 $\boldsymbol{A}$ 的对应于特征值 λ 的特征向量，则 λ^{-1} 为 $\boldsymbol{A}^{-1}$ 的特征值，且 $\boldsymbol{\alpha}$ 仍然为 $\boldsymbol{A}^{-1}$ 的对应于特征值 λ^{-1} 的特征向量.

证明：将 $\boldsymbol{A\alpha}=\lambda\boldsymbol{\alpha}$ 两边左乘 $\boldsymbol{A}^{-1}$ 后再两边乘以 $\dfrac{1}{\lambda}$，得 $\dfrac{1}{\lambda}\boldsymbol{\alpha}=\boldsymbol{A}^{-1}\boldsymbol{\alpha}$.

定理 4.6　若 $\boldsymbol{A}$ 可逆，且 $\boldsymbol{\alpha}$ 为 $\boldsymbol{A}$ 的对应于特征值 λ 的特征向量，则 $\dfrac{|\boldsymbol{A}|}{\lambda}$ 为 $\boldsymbol{A}^*$ 的特征值，且 $\boldsymbol{\alpha}$ 仍然为 $\boldsymbol{A}^*$ 的对应于特征值 $\dfrac{|\boldsymbol{A}|}{\lambda}$ 的特征向量（$\boldsymbol{A}^*$ 是 $\boldsymbol{A}$ 的伴随矩阵）.

证明略，读者可试证之.

定理 4.7　设

$$g(\boldsymbol{A})=a_n\boldsymbol{A}^n+a_{n-1}\boldsymbol{A}^{n-1}+\cdots+a_1\boldsymbol{A}+a_0\boldsymbol{E},$$
$$g(\lambda)=a_n\lambda^n+a_{n-1}\lambda^{n-1}+\cdots+a_1\lambda+a_0,$$

若 $\boldsymbol{\alpha}$ 为 $\boldsymbol{A}$ 的对应于特征值 λ 的特征向量，则 $g(\lambda)$ 为 $g(\boldsymbol{A})$ 的特征值，且 $\boldsymbol{\alpha}$ 仍为 $g(\boldsymbol{A})$ 的对应于特征值 $g(\lambda)$ 的特征向量.

证明略.

例 4.7　已知 $\boldsymbol{A}$ 的特征值为 1、2、3，求 $|\boldsymbol{A}^2+3\boldsymbol{A}-2\boldsymbol{E}|$.

解：记 $\varphi(\boldsymbol{A})=\boldsymbol{A}^2+3\boldsymbol{A}-2\boldsymbol{E}$，有 $\varphi(\lambda)=\lambda^2+3\lambda-2$，故 $\varphi(\boldsymbol{A})$ 的特征值为

$$\varphi(1)=2,\ \varphi(-1)=-4,\ \varphi(2)=8,$$

于是

$$|\boldsymbol{A}^2+3\boldsymbol{A}-2\boldsymbol{E}|=2\times(-4)\times 8=-64.$$

定理 4.8　设 $\lambda_1,\lambda_2,\cdots,\lambda_r$ 是 n 阶方阵 $\boldsymbol{A}$ 的 r 个不同的特征值，$\boldsymbol{\alpha}_1,\boldsymbol{\alpha}_2,\cdots,\boldsymbol{\alpha}_r$ 是 $\boldsymbol{A}$ 的分别对应于特征值 $\lambda_1,\lambda_2,\cdots,\lambda_r$ 的特征向量，则向量组 $\boldsymbol{\alpha}_1,\boldsymbol{\alpha}_2,\cdots,\boldsymbol{\alpha}_r$ 线性无关.

证明：用数学归纳法证明.

当 $r=1$ 时，由于 $\boldsymbol{\alpha}_1\neq\boldsymbol{0}$，因此 $\boldsymbol{\alpha}_1$ 线性无关.

假设 $r=m-1$，$\boldsymbol{\alpha}_1,\boldsymbol{\alpha}_2,\cdots,\boldsymbol{\alpha}_{m-1}$ 线性无关.

当 $r=m$ 时，设

$$k_1\boldsymbol{\alpha}_1+k_2\boldsymbol{\alpha}_2+\cdots+k_{m-1}\boldsymbol{\alpha}_{m-1}+k_m\boldsymbol{\alpha}_m=\boldsymbol{0},\tag{4.1}$$
$$\boldsymbol{A}(k_1\boldsymbol{\alpha}_1+k_2\boldsymbol{\alpha}_2+\cdots+k_{m-1}\boldsymbol{\alpha}_{m-1}+k_m\boldsymbol{\alpha}_m)=\boldsymbol{0},$$
$$k_1\lambda_1\boldsymbol{\alpha}_1+k_2\lambda_2\boldsymbol{\alpha}_2+\cdots+k_{m-1}\lambda_{m-1}\boldsymbol{\alpha}_{m-1}+k_m\lambda_m\boldsymbol{\alpha}_m=\boldsymbol{0},\tag{4.2}$$

用式(4.2)减去式(4.1)的 λ_m 倍，得

$$k_1(\lambda_1-\lambda_m)\boldsymbol{\alpha}_1+k_2(\lambda_2-\lambda_m)\boldsymbol{\alpha}_2+\cdots+k_{m-1}(\lambda_{m-1}-\lambda_m)\boldsymbol{\alpha}_{m-1}=\boldsymbol{0}.$$

由 $\boldsymbol{\alpha}_1$，$\boldsymbol{\alpha}_2$，…，$\boldsymbol{\alpha}_{m-1}$ 线性无关，得 $k_i(\lambda_i-\lambda_m)=0(i=1,2,\cdots,m-1)$.

而 $\lambda_i-\lambda_m\neq 0(i=1,2,\cdots,m-1)$，所以 $k_i=0(i=1,2,\cdots,m-1)$，代入式(4.1)得 $k_m\boldsymbol{\alpha}_m=\mathbf{0}$，而 $\boldsymbol{\alpha}_m\neq\mathbf{0}$，因此 $k_m=0$，即 $k_i=0(i=1,2,\cdots,m)$.

因此，$\boldsymbol{\alpha}_1$，$\boldsymbol{\alpha}_2$，…，$\boldsymbol{\alpha}_r$ 线性无关.

第三节　相似矩阵

在矩阵的运算中，无论是求解对角矩阵的行列式，还是对角矩阵的求逆，或者是对角矩阵的乘积运算都非常简便. 在上一章中，利用矩阵的初等变换，可以将一个方阵化为对角矩阵，但这是在等价的意义下将一个方阵化为对角矩阵. 能否有其他的方式，将一个方阵化为对角矩阵且保持方阵的一些重要性质不变？这正是本节要讨论的问题.

定义 4.10　设 $\boldsymbol{A}$，$\boldsymbol{B}$ 都是 n 阶方阵，若存在 n 阶可逆矩阵 $\boldsymbol{P}$，使 $\boldsymbol{P}^{-1}\boldsymbol{AP}=\boldsymbol{B}$，则称矩阵 $\boldsymbol{A}$ 与 $\boldsymbol{B}$ 相似，记作 $\boldsymbol{A}\sim\boldsymbol{B}$.

相似矩阵具有下列性质.

(1)反身性：$\boldsymbol{A}\sim\boldsymbol{A}$.

(2)对称性：若 $\boldsymbol{A}\sim\boldsymbol{B}$，则 $\boldsymbol{B}\sim\boldsymbol{A}$.

(3)传递性：若 $\boldsymbol{A}\sim\boldsymbol{B}$，且 $\boldsymbol{B}\sim\boldsymbol{C}$，则 $\boldsymbol{A}\sim\boldsymbol{C}$.

(4)相似矩阵有相同的特征多项式，从而有相同的特征值.

(5)相似矩阵有相同的行列式.

下面仅证明性质(4).

证明： 由于 $\boldsymbol{A}\sim\boldsymbol{B}$，因此 $|\boldsymbol{B}-\lambda\boldsymbol{E}|=|\boldsymbol{P}^{-1}\boldsymbol{AP}-\lambda\boldsymbol{P}^{-1}\boldsymbol{P}|=|\boldsymbol{P}^{-1}(\boldsymbol{A}-\lambda\boldsymbol{E})\boldsymbol{P}|=|\boldsymbol{A}-\lambda\boldsymbol{E}|$，即 $\boldsymbol{A}$ 与 $\boldsymbol{B}$ 的特征多项式相同，从而特征值相同.

定义 4.11　对于 n 阶方阵 $\boldsymbol{A}$，若存在 n 阶可逆矩阵 $\boldsymbol{P}$，使 $\boldsymbol{P}^{-1}\boldsymbol{AP}=\boldsymbol{\Lambda}$ 为对角矩阵，则称 n 阶方阵 $\boldsymbol{A}$ **可对角化**.

是否所有方阵都可对角化呢？答案是否定的. 那么矩阵可对角化的条件是什么呢？

定理 4.9　n 阶方阵 $\boldsymbol{A}$ 与对角矩阵相似(即 $\boldsymbol{A}$ 可对角化)的充分必要条件是 $\boldsymbol{A}$ 有 n 个线性无关的特征向量.

证明：必要性　设 $\boldsymbol{A}$ 可对角化，即存在可逆矩阵 $\boldsymbol{P}$ 和对角矩阵 $\boldsymbol{\Lambda}$，使

$$\boldsymbol{P}^{-1}\boldsymbol{AP}=\boldsymbol{\Lambda}=\begin{pmatrix}\lambda_1&0&\cdots&0\\0&\lambda_2&\cdots&0\\\vdots&\vdots&&\vdots\\0&0&\cdots&\lambda_n\end{pmatrix},$$

两边左乘 $\boldsymbol{P}$，得 $\boldsymbol{AP}=\boldsymbol{P}\begin{pmatrix}\lambda_1&0&\cdots&0\\0&\lambda_2&\cdots&0\\\vdots&\vdots&&\vdots\\0&0&\cdots&\lambda_n\end{pmatrix}$，设 $\boldsymbol{P}=(\boldsymbol{\alpha}_1,\boldsymbol{\alpha}_2,\cdots,\boldsymbol{\alpha}_n)$，则

$$A(\boldsymbol{\alpha}_1, \boldsymbol{\alpha}_2, \cdots, \boldsymbol{\alpha}_n) = (\boldsymbol{\alpha}_1, \boldsymbol{\alpha}_2, \cdots, \boldsymbol{\alpha}_n)\begin{pmatrix} \lambda_1 & 0 & \cdots & 0 \\ 0 & \lambda_2 & \cdots & 0 \\ \vdots & \vdots & & \vdots \\ 0 & 0 & \cdots & \lambda_n \end{pmatrix},$$

所以 $A\boldsymbol{\alpha}_i = \lambda_i\boldsymbol{\alpha}_i(i=1, 2, \cdots, n)$.

由于 $\boldsymbol{P}$ 可逆，因此 $\boldsymbol{\alpha}_i \neq \boldsymbol{0}(i=1, 2, \cdots, n)$，从而知 $\boldsymbol{\alpha}_i(i=1, 2, \cdots, n)$ 是矩阵 $\boldsymbol{A}$ 的对应于特征值 $\lambda_i(i=1, 2, \cdots, n)$ 的特征向量．由 $\boldsymbol{P}$ 可逆可知，$\boldsymbol{\alpha}_1, \boldsymbol{\alpha}_2, \cdots, \boldsymbol{\alpha}_n$ 线性无关.

充分性　设 $\boldsymbol{\alpha}_1, \boldsymbol{\alpha}_2, \cdots, \boldsymbol{\alpha}_n$ 是矩阵 $\boldsymbol{A}$ 的对应于特征值 $\lambda_1, \lambda_2, \cdots, \lambda_n$ 的 n 个线性无关的特征向量，则有 $A\boldsymbol{\alpha}_i = \lambda_i\boldsymbol{\alpha}_i(i=1, 2, \cdots, n)$. 取 $\boldsymbol{P}=(\boldsymbol{\alpha}_1, \boldsymbol{\alpha}_2, \cdots, \boldsymbol{\alpha}_n)$，则 $\boldsymbol{P}$ 可逆，从而有

$$AP = P\begin{pmatrix} \lambda_1 & 0 & \cdots & 0 \\ 0 & \lambda_2 & \cdots & 0 \\ \vdots & \vdots & & \vdots \\ 0 & 0 & \cdots & \lambda_n \end{pmatrix}，\text{即 } P^{-1}AP = \Lambda = \begin{pmatrix} \lambda_1 & 0 & \cdots & 0 \\ 0 & \lambda_2 & \cdots & 0 \\ \vdots & \vdots & & \vdots \\ 0 & 0 & \cdots & \lambda_n \end{pmatrix},$$

所以 $\boldsymbol{A}$ 可对角化.

从定理 4.9 的证明过程中不难看出，使矩阵 $\boldsymbol{A}$ 对角化的可逆矩阵 $\boldsymbol{P}$，就是由 $\boldsymbol{A}$ 的 n 个线性无关的特征向量组成的，每个特征向量作为矩阵 $\boldsymbol{P}$ 的一列，且对角矩阵的主对角线上的元素，就是矩阵 $\boldsymbol{A}$ 的 n 个特征值.

推论 4.1　若 n 阶方阵 $\boldsymbol{A}$ 的 n 个特征值互不相同，则 $\boldsymbol{A}$ 与对角矩阵相似($\boldsymbol{A}$ 可对角化).

例 4.8　判别矩阵 $A = \begin{pmatrix} 0 & 1 & -1 \\ -2 & 0 & 2 \\ -1 & 1 & 0 \end{pmatrix}$ 是否可对角化，若可对角化，求可逆矩阵 $\boldsymbol{P}$.

解：特征方程为 $|A-\lambda E|=0$，即 $\begin{vmatrix} -\lambda & 1 & -1 \\ -2 & -\lambda & 2 \\ -1 & 1 & -\lambda \end{vmatrix}=0$，特征根为 $\lambda_1=-1$，$\lambda_2=0$，$\lambda_3=1$.

由于三阶方阵 $\boldsymbol{A}$ 有 3 个不同的特征值，故由推论 4.1 知 $\boldsymbol{A}$ 可对角化.

将 $\lambda_1=-1$ 代入齐次线性方程组 $(A-\lambda E)x=\boldsymbol{0}$，其基础解系为 $\boldsymbol{\alpha}_1=\begin{pmatrix} 1 \\ 0 \\ 1 \end{pmatrix}$；

将 $\lambda_2=0$ 代入齐次线性方程组 $(A-\lambda E)x=\boldsymbol{0}$，其基础解系为 $\boldsymbol{\alpha}_2=\begin{pmatrix} 1 \\ 1 \\ 1 \end{pmatrix}$；

将 $\lambda_3=1$ 代入齐次线性方程组 $(A-\lambda E)x=\boldsymbol{0}$，其基础解系为 $\boldsymbol{\alpha}_3=\begin{pmatrix} 1 \\ 4 \\ 3 \end{pmatrix}$.

取 $P=(\boldsymbol{\alpha}_1, \boldsymbol{\alpha}_2, \boldsymbol{\alpha}_3)=\begin{pmatrix} 1 & 1 & 1 \\ 0 & 1 & 4 \\ 1 & 1 & 3 \end{pmatrix}$，则 $P^{-1}AP=\Lambda=\begin{pmatrix} -1 & 0 & 0 \\ 0 & 0 & 0 \\ 0 & 0 & 1 \end{pmatrix}$.

第四节　实对称矩阵的对角化

对称矩阵是较特殊的矩阵，它的特征值和对角化都有其独特的方面，本节将讨论实对称矩阵的对角化问题.

定理 4.10　对称矩阵的特征值为实数.

证明略.

定理 4.11　设λ_1、λ_2是对称矩阵$\boldsymbol{A}$的两个不同的特征值，$\boldsymbol{\alpha}_1$、$\boldsymbol{\alpha}_2$是$\boldsymbol{A}$的对应于λ_1、λ_2的特征向量，则$\boldsymbol{\alpha}_1$与$\boldsymbol{\alpha}_2$正交.

证明：由于$\lambda_1\boldsymbol{\alpha}_1 = A\boldsymbol{\alpha}_1$，$\lambda_2\boldsymbol{\alpha}_2 = A\boldsymbol{\alpha}_2$，$\lambda_1 \neq \lambda_2$，$\boldsymbol{A}$是对称矩阵，因此

$$\lambda_1\boldsymbol{\alpha}_1^{\mathrm{T}} = (\lambda_1\boldsymbol{\alpha}_1)^{\mathrm{T}} = (\boldsymbol{A}\boldsymbol{\alpha}_1)^{\mathrm{T}} = \boldsymbol{\alpha}_1^{\mathrm{T}}\boldsymbol{A}^{\mathrm{T}} = \boldsymbol{\alpha}_1^{\mathrm{T}}\boldsymbol{A},$$

$$\lambda_1\boldsymbol{\alpha}_1^{\mathrm{T}}\boldsymbol{\alpha}_2 = \boldsymbol{\alpha}_1^{\mathrm{T}}\boldsymbol{A}\boldsymbol{\alpha}_2 = \boldsymbol{\alpha}_1^{\mathrm{T}}\lambda_2\boldsymbol{\alpha}_2 = \lambda_2\boldsymbol{\alpha}_1^{\mathrm{T}}\boldsymbol{\alpha}_2,$$

即

$$(\lambda_1 - \lambda_2)\boldsymbol{\alpha}_1^{\mathrm{T}}\boldsymbol{\alpha}_2 = 0.$$

而$\lambda_1 \neq \lambda_2$，所以$\boldsymbol{\alpha}_1^{\mathrm{T}}\boldsymbol{\alpha}_2 = 0$，即$\boldsymbol{\alpha}_1$与$\boldsymbol{\alpha}_2$正交.

定理 4.12　设$\boldsymbol{A}$为n阶对称矩阵，则必存在n阶正交矩阵$\boldsymbol{P}$，使

$$\boldsymbol{P}^{-1}\boldsymbol{A}\boldsymbol{P} = \boldsymbol{\Lambda} = \begin{pmatrix} \lambda_1 & 0 & \cdots & 0 \\ 0 & \lambda_2 & \cdots & 0 \\ \vdots & \vdots & & \vdots \\ 0 & 0 & \cdots & \lambda_n \end{pmatrix},$$

其中λ_1，λ_2，…，λ_n是$\boldsymbol{A}$的n个特征值.

证明略.

例 4.9　设$\boldsymbol{A} = \begin{pmatrix} 6 & 2 & 4 \\ 2 & 3 & 2 \\ 4 & 2 & 6 \end{pmatrix}$，求可逆矩阵$\boldsymbol{P}$，使$\boldsymbol{P}^{-1}\boldsymbol{A}\boldsymbol{P} = \boldsymbol{\Lambda}$.

解：特征方程为

$$|\boldsymbol{A} - \lambda\boldsymbol{E}| = \begin{vmatrix} 6-\lambda & 2 & 4 \\ 2 & 3-\lambda & 2 \\ 4 & 2 & 6-\lambda \end{vmatrix} = \begin{vmatrix} 2-\lambda & 0 & 2-\lambda \\ 2 & 3-\lambda & 2 \\ 4 & 2 & 6-\lambda \end{vmatrix}$$

$$= \begin{vmatrix} 2-\lambda & 0 & 0 \\ 2 & 3-\lambda & 4 \\ 4 & 2 & 10-\lambda \end{vmatrix} = (2-\lambda)(2-\lambda)(11-\lambda) = 0,$$

特征根为$\lambda_1 = 11$，$\lambda_2 = \lambda_3 = 2$.

将$\lambda_1 = 11$代入齐次线性方程组$(\boldsymbol{A} - \lambda\boldsymbol{E})\boldsymbol{x} = \boldsymbol{0}$，其基础解系为

$$\boldsymbol{\alpha}_1 = \begin{pmatrix} 2 \\ 1 \\ 2 \end{pmatrix};$$

将$\lambda_2 = \lambda_3 = 2$代入齐次线性方程组$(\boldsymbol{A} - \lambda\boldsymbol{E})\boldsymbol{x} = \boldsymbol{0}$，其基础解系为

$$\boldsymbol{\alpha}_2=\begin{pmatrix}1\\-2\\0\end{pmatrix},\ \boldsymbol{\alpha}_3=\begin{pmatrix}0\\-2\\1\end{pmatrix}.$$

令

$$\boldsymbol{P}=(\boldsymbol{\alpha}_1,\ \boldsymbol{\alpha}_2,\ \boldsymbol{\alpha}_3)=\begin{pmatrix}2&1&0\\1&-2&-2\\2&0&1\end{pmatrix},$$

有

$$\boldsymbol{P}^{-1}\boldsymbol{A}\boldsymbol{P}=\boldsymbol{\Lambda}=\begin{pmatrix}11&0&0\\0&2&0\\0&0&2\end{pmatrix}.$$

本章小结

本章首先介绍了向量内积的定义，在此基础上又介绍了施密特正交化过程，这是为寻找正交矩阵做的铺垫．方阵的特征值和特征向量是非常重要的概念，求方阵的特征值需要计算行列式，求方阵的特征向量需要会求齐次线性方程组的基础解系．因此，读者学习这一章是对前面知识的巩固和提高．将矩阵对角化就是寻找可逆矩阵 $\boldsymbol{P}$，而寻找可逆矩阵 $\boldsymbol{P}$ 的过程就是求齐次线性方程组的基础解系的过程．必须注意，不是所有的方阵都可对角化，实对称矩阵一定可以对角化.

本章的重点是方阵可对角化的条件，以及将一个可对角化的方阵对角化的方法(如何找到可逆矩阵 $\boldsymbol{P}$)．实对称矩阵是肯定可对角化的，关键是要能找到正交矩阵 $\boldsymbol{Q}$ 将其对角化．为了达到上述目的，读者必须会求方阵的特征值和特征向量，以及会用施密特正交化过程将一个向量组正交化.

课程思政

在矩阵的特征值与特征向量部分的学习中结合思政元素，可以培养综合素养．以下是一些可能的思政元素.

爱国主义教育．通过了解我国数学家在特征值和特征向量领域的贡献，例如华罗庚、陈省身等人的工作，可以培养民族自豪感和爱国主义精神.

科学精神．特征值和特征向量的求解需要严谨的数学方法和精确的计算，这有助于培养科学精神和严谨态度．同时，可以体会到数学中的逻辑和推理之美.

团队合作．在求解特征值和特征向量的过程中，需要相互协作和配合，这有助于培养团队合作意识和集体精神.

创新思维．通过学习特征值和特征向量的定义和性质，可以发现数学中的新思想和新方法，培养创新思维和开拓精神.

人文精神．通过学习特征值和特征向量在各个领域中的应用，例如在物理、化学、生物、经济等领域中的应用，可以培养跨学科思维和人文精神，同时有助于了解数学与人类文明的关系，以及数学在社会发展中的作用.

社会责任．通过学习特征值和特征向量在解决实际问题中的应用，例如在环保、社会公平等领域中的应用，可以培养社会责任感和使命感，思考如何将数学知识应用到实践中，为社会发展做出贡献.

历史文化. 通过本章的学习，可以了解一些与特征值和特征向量相关的历史人物和事件，例如矩阵论的起源和发展等，这有助于了解数学的历史和文化背景，提高综合素养.

总之，特征值和特征向量不仅是数学中的基本概念，也是思考问题和解决问题的有力工具. 通过学习它们，可以培养数学素养和思维能力，提高团队合作和实践应用能力.

习题四

1. 求下列向量组的内积：

(1) $\boldsymbol{\alpha}=\begin{pmatrix}1\\2\\3\end{pmatrix}$，$\boldsymbol{\beta}=\begin{pmatrix}-2\\1\\0\end{pmatrix}$；　　(2) $\boldsymbol{\alpha}=\begin{pmatrix}9\\8\\5\end{pmatrix}$，$\boldsymbol{\beta}=\begin{pmatrix}2\\1\\1\end{pmatrix}$.

2. 用施密特正交化方法，将下列向量组正交规范化.

(1) $\boldsymbol{\alpha}_1=\begin{pmatrix}1\\2\\-1\end{pmatrix}$，$\boldsymbol{\alpha}_2=\begin{pmatrix}-1\\3\\1\end{pmatrix}$，$\boldsymbol{\alpha}_3=\begin{pmatrix}4\\-1\\0\end{pmatrix}$；

(2) $\boldsymbol{\alpha}_1=(1,1,1,1)$，$\boldsymbol{\alpha}_2=(1,-1,0,4)$，$\boldsymbol{\alpha}_3=(3,5,1,-1)$.

3. 求下列矩阵的特征值及特征向量：

(1) $\boldsymbol{A}=\begin{pmatrix}1&-1&1\\1&3&-1\\1&1&1\end{pmatrix}$；　　(2) $\boldsymbol{A}=\begin{pmatrix}1&2&4\\0&3&5\\0&0&6\end{pmatrix}$.

4. 设三阶矩阵 $\boldsymbol{A}$ 的特征值为 1、-1、2，求 $|\boldsymbol{A}^*+3\boldsymbol{A}-2\boldsymbol{E}|$.

5. 判断矩阵 $\boldsymbol{A}=\begin{pmatrix}1&-2&2\\-2&-2&4\\2&4&-2\end{pmatrix}$ 能否化为对角矩阵.

6. 设实对称矩阵 $\boldsymbol{A}=\begin{pmatrix}1&-2&0\\-2&2&-2\\0&-2&3\end{pmatrix}$，求正交矩阵 $\boldsymbol{P}$，使 $\boldsymbol{P}^{-1}\boldsymbol{A}\boldsymbol{P}$ 为对角矩阵.

第五章 二次型

二次型作为一类特殊的多元函数，是中学解析几何相关内容的一种推广．本章将介绍二次型的概念，化二次型为标准形及正定二次型的判别方法等，这些内容在数学、物理、工程技术及经济管理中都有非常重要的作用.

第一节 二次型及其标准形

在解析几何中，为了便于研究二次曲线

$$ax^2+bxy+cy^2=1$$

的几何性质，可以选择适当的坐标旋转变换

$$\begin{cases}x=x'\cos\theta-y'\sin\theta\\ y=x'\sin\theta+y'\cos\theta\end{cases},$$

把方程化为标准形

$$mx'^2+ny'^2=1.$$

这对研究二次曲线的性质有重要意义．现在把这类问题一般化，讨论 n 个变量的二次多项式的简化问题．

定义 5.1 含有 n 个变量 x_1，x_2，…，x_n 的二次齐次函数

$$f(x_1,x_2,\cdots,x_n)=a_{11}x_1^2+a_{22}x_2^2+\cdots+a_{nn}x_n^2+2a_{12}x_1x_2+2a_{13}x_1x_3+\cdots+2a_{n-1,n}x_{n-1}x_n \tag{5.1}$$

称为二次型.

若取 $a_{ij}=a_{ji}$，则 $2a_{ij}x_ix_j=a_{ij}x_ix_j+a_{ji}x_jx_i$， 于是式(5.1)可写成

$$f=\sum_{i,j=1}^{n}a_{ij}x_ix_j. \tag{5.2}$$

对二次型，讨论的主要问题是：寻求可逆的线性变换

$$\begin{cases}x_1=c_{11}y_1+c_{12}y_2+\cdots+c_{1n}y_n\\ x_2=c_{21}y_1+c_{22}y_2+\cdots+c_{2n}y_n\\ \quad\vdots\\ x_n=c_{n1}y_1+c_{n2}y_2+\cdots+c_{nn}y_n\end{cases}, \tag{5.3}$$

使二次型只含平方项，也就是将式(5.3)代入式(5.1)，能使

$$f=k_1y_1^2+k_2y_2^2+\cdots+k_ny_n^2.$$

这种只含平方项的二次型称为**二次型的标准形**(法式).

当 a_{ij} 为复数时，f 称为复二次型；当 a_{ij} 为实数时，f 称为实二次型．本书中只讨论实二次型.

若记

$$\boldsymbol{A}=(a_{ij})_{n\times n}=\begin{pmatrix}a_{11}&a_{12}&\cdots&a_{1n}\\a_{21}&a_{22}&\cdots&a_{2n}\\\vdots&\vdots&&\vdots\\a_{n1}&a_{n2}&\cdots&a_{nn}\end{pmatrix},\quad \boldsymbol{x}=\begin{pmatrix}x_1\\x_2\\\vdots\\x_n\end{pmatrix},$$

则式(5.2)可表示为

$$f=\boldsymbol{x}^{\mathrm{T}}\boldsymbol{A}\boldsymbol{x},\tag{5.4}$$

其中

$$\boldsymbol{A}^{\mathrm{T}}=\boldsymbol{A}.$$

例如，二次型 $f(x,\ y,\ z)=x^2-3z^2-4xy+yz$ 用矩阵写出来，就是

$$f=(x,\ y,\ z)\begin{pmatrix}1&-2&0\\-2&0&\frac{1}{2}\\0&\frac{1}{2}&-3\end{pmatrix}\begin{pmatrix}x\\y\\z\end{pmatrix}.$$

二次型 f 与对称矩阵 $\boldsymbol{A}$ 一一对应，称 $\boldsymbol{A}$ 为二次型 f 的矩阵，称 f 为对称矩阵 $\boldsymbol{A}$ 的二次型，称 $R(\boldsymbol{A})$ 为二次型 f 的**秩**.

记 $\boldsymbol{C}=(c_{ij})$，把可逆变换(5.3)记作

$$\boldsymbol{x}=\boldsymbol{C}\boldsymbol{y},$$

代入式(5.4)，有

$$f=\boldsymbol{x}^{\mathrm{T}}\boldsymbol{A}\boldsymbol{x}=(\boldsymbol{C}\boldsymbol{y})^{\mathrm{T}}\boldsymbol{A}\boldsymbol{C}\boldsymbol{y}=\boldsymbol{y}^{\mathrm{T}}(\boldsymbol{C}^{\mathrm{T}}\boldsymbol{A}\boldsymbol{C})\boldsymbol{y}.$$

要使二次型 f 经可逆变换 $\boldsymbol{x}=\boldsymbol{C}\boldsymbol{y}$ 变成标准形，这就是要使

$$\begin{aligned}\boldsymbol{y}^{\mathrm{T}}\boldsymbol{C}^{\mathrm{T}}\boldsymbol{A}\boldsymbol{C}\boldsymbol{y}&=k_1y_1^2+k_2y_2^2+\cdots+k_ny_n^2\\&=(y_1,\ y_2,\ \cdots,\ y_n)\begin{pmatrix}k_1&&&\\&k_2&&\\&&\ddots&\\&&&k_n\end{pmatrix}\begin{pmatrix}y_1\\y_2\\\vdots\\y_n\end{pmatrix},\end{aligned}$$

也就是要使 $\boldsymbol{C}^{\mathrm{T}}\boldsymbol{A}\boldsymbol{C}$ 成为对角矩阵．因此，主要解决的问题就是：对于对称矩阵 $\boldsymbol{A}$，寻求可逆矩阵 $\boldsymbol{C}$，使 $\boldsymbol{C}^{\mathrm{T}}\boldsymbol{A}\boldsymbol{C}$ 为对角矩阵.

定义 5.2 设 $\boldsymbol{A}$ 和 $\boldsymbol{B}$ 是 n 阶方阵，若有可逆矩阵 $\boldsymbol{C}$，使 $\boldsymbol{B}=\boldsymbol{C}^{\mathrm{T}}\boldsymbol{A}\boldsymbol{C}$，则称 $\boldsymbol{A}$ 与 $\boldsymbol{B}$ 矩阵合同.

由上一章可知，任给实对称矩阵 $\boldsymbol{A}$，总有正交矩阵 $\boldsymbol{P}$，使 $\boldsymbol{P}^{-1}\boldsymbol{A}\boldsymbol{P}=\boldsymbol{\Lambda}$，把此结论应用于二次型，即有以下定理.

定理 5.1　任给二次型 $f=\sum_{i,j=1}^{n} a_{ij}x_ix_j(a_{ij}=a_{ji})$，总存在正交变换 $\boldsymbol{x}=\boldsymbol{P}\boldsymbol{y}$，可以将 f 化为标准形

$$f=\lambda_1 y_1^2+\lambda_2 y_2^2+\cdots+\lambda_n y_n^2.$$

其中，$\lambda_1,\lambda_2,\cdots,\lambda_n$ 是 f 的矩阵 $\boldsymbol{A}=(a_{ij})$ 的特征值.

例 5.1　求一个正交变换 $\boldsymbol{x}=\boldsymbol{P}\boldsymbol{y}$，把二次型

$$f=x^2+6xy+y^2$$

化为标准形.

解：二次型的矩阵为

$$\boldsymbol{A}=\begin{pmatrix}1 & 3\\ 3 & 1\end{pmatrix},$$

它的特征多项式为

$$|\boldsymbol{A}-\lambda\boldsymbol{E}|=\begin{vmatrix}1-\lambda & 3\\ 3 & 1-\lambda\end{vmatrix}=(\lambda+2)(\lambda-4).$$

于是 $\boldsymbol{A}$ 的特征值为 $\lambda_1=-2$，$\lambda_2=4$.

当 $\lambda_1=-2$ 时，解方程 $(\boldsymbol{A}+2\boldsymbol{E})\boldsymbol{X}=\boldsymbol{0}$，解得其基础解系 $\boldsymbol{\xi}_1=(1,\ -1)^{\mathrm{T}}$，单位化即得 $\boldsymbol{p}_1=\frac{1}{\sqrt{2}}(1,\ -1)^{\mathrm{T}}$.

当 $\lambda_2=4$ 时，解方程 $(\boldsymbol{A}-4\boldsymbol{E})\boldsymbol{X}=\boldsymbol{0}$，解得其基础解系 $\boldsymbol{\xi}_2=(1,\ 1)^{\mathrm{T}}$，单位化即得 $\boldsymbol{p}_2=\frac{1}{\sqrt{2}}(1,\ 1)^{\mathrm{T}}$.

于是正交变换为

$$\begin{pmatrix}x\\ y\end{pmatrix}=\begin{pmatrix}\frac{1}{\sqrt{2}} & \frac{1}{\sqrt{2}}\\ -\frac{1}{\sqrt{2}} & \frac{1}{\sqrt{2}}\end{pmatrix}\begin{pmatrix}y_1\\ y_2\end{pmatrix},$$

即有

$$f=-2y_1^2+4y_2^2.$$

例 5.2（因式分解问题）　判断多项式 $f(x_1,\ x_2)=x_1^2-3x_2^2-2x_1x_2+2x_1-6x_2$ 在实数域 $\mathbf{R}$ 上能否分解. 若能，将其进行分解.

解：考虑二次型 $g(x_1,\ x_2,\ x_3)=x_1^2-3x_2^2-2x_1x_2+2x_1x_3-6x_2x_3$，则对应的矩阵为

$$\boldsymbol{A}=\begin{pmatrix}1 & -1 & 1\\ -1 & -3 & -3\\ 1 & -3 & 0\end{pmatrix}.$$

对 $\boldsymbol{A}$ 实行合同变换，求得

$$\boldsymbol{P}=\begin{pmatrix}1 & 1 & -\frac{3}{2}\\ 0 & 1 & -\frac{1}{2}\\ 0 & 0 & 1\end{pmatrix},\quad \boldsymbol{P}^{\mathrm{T}}\boldsymbol{A}\boldsymbol{P}=\begin{pmatrix}1 & 0 & 0\\ 0 & -4 & 0\\ 0 & 0 & 0\end{pmatrix}.$$

显然，A 的秩为 2，符号差为 0，$g(x_1, x_2, x_3)$ 可以被分解.

经非退化线性替换

$$\begin{pmatrix} x_1 \\ x_2 \\ x_3 \end{pmatrix} = \begin{pmatrix} 1 & 1 & -\frac{3}{2} \\ 0 & 1 & -\frac{1}{2} \\ 0 & 0 & 1 \end{pmatrix} \begin{pmatrix} y_1 \\ y_2 \\ y_3 \end{pmatrix},$$

二次型化为 $g(x_1, x_2, x_3) = y_1^2 - 4y_2^2 = (y_1 - 2y_2)(y_1 + 2y_2)$. 再由 $\boldsymbol{y} = \boldsymbol{P}^{-1}\boldsymbol{x}$，得

$$y_1 = x_1 - x_2 + x_3,\ y_2 = x_2 + \frac{1}{2}x_3,\ y_3 = x_3,$$

于是

$$g(x_1, x_2, x_3) = (x_1 + x_2 + 2x_3)(x_1 - 3x_2),$$

故

$$f(x_1, x_2) = (x_1 + x_2 + 2)(x_1 - 3x_2).$$

第二节　化二次型为标准形

用正交变换将二次型化为标准形，具有保持几何形状不变的优点．如果不限于用正交变换，那么还可以有多种方法(对应有多个可逆的线性变换)把二次型化为标准形．这里只介绍拉格朗日(Lagrangian)配方法．下面举例来说明这种方法的应用.

例 5.3　化二次型

$$f = x_1^2 + 2x_2^2 + 5x_3^2 + 2x_1x_2 + 2x_1x_3 + 6x_2x_3$$

为标准形，并求所用的变换矩阵.

解： 由于 f 中含变量 x_1 的平方项，故把全部含 x_1 的项归并起来，配方可得

$$\begin{aligned} f &= x_1^2 + 2(x_2 + x_3)x_1 + 2x_2^2 + 5x_3^2 + 6x_2x_3 \\ &= (x_1 + x_2 + x_3)^2 - (x_2 + x_3)^2 + 2x_2^2 + 5x_3^2 + 6x_2x_3 \\ &= (x_1 + x_2 + x_3)^2 + x_2^2 + 4x_2x_3 + 4x_3^2, \end{aligned}$$

上式右端除第 1 项外已不再含 x_1，继续配方可得

$$f = (x_1 + x_2 + x_3)^2 + (x_2 + 2x_3)^2.$$

令

$$\begin{cases} y_1 = x_1 + x_2 + x_3 \\ y_2 = x_2 + 2x_3 \\ y_3 = x_3 \end{cases},$$

即

$$\begin{cases} x_1 = y_1 - y_2 + y_3 \\ x_2 = y_2 - 2y_3 \\ x_3 = y_3 \end{cases},$$

于是就把 f 化成标准形 $f = y_1^2 + y_2^2$，所用变换矩阵为

$$C=\begin{pmatrix}1&-1&1\\0&1&-2\\0&0&1\end{pmatrix}\quad(|C|\neq 0).$$

例 5.4 化二次型

$$f=2x_1x_2+2x_1x_3-6x_2x_3$$

为标准形，并求所用的变换矩阵.

解：在 f 中不含平方项. 由于 f 中含有 x_1x_2 乘积项，故令

$$\begin{cases}x_1=y_1+y_2\\x_2=y_1-y_2,\\x_3=y_3\end{cases}$$

代入可得

$$f=2y_1^2-2y_2^2-4y_1y_3+8y_2y_3,$$

再配方，得

$$f=2(y_1-y_3)^2-2(y_2-2y_3)^2+6y_3^2.$$

令

$$\begin{cases}z_1=y_1-y_3\\z_2=y_2-2y_3,\\z_3=y_3\end{cases}$$

即

$$\begin{cases}y_1=z_1+z_3\\y_2=z_2+2z_3,\\y_3=z_3\end{cases}$$

则有 $f=2z_1^2-2z_2^2+6z_3^2$，所用变换矩阵为

$$C=\begin{pmatrix}1&1&0\\1&-1&0\\0&0&1\end{pmatrix}\begin{pmatrix}1&0&1\\0&1&2\\0&0&1\end{pmatrix}=\begin{pmatrix}1&1&3\\1&-1&-1\\0&0&1\end{pmatrix}\quad(|C|=-2\neq 0).$$

一般地，任何二次型都可用上面两例的方法找到可逆变换，把二次型化为标准形.

第三节 正定二次型

二次型的标准形显然不是唯一的，只是标准形中所含项数是确定的(是二次型的秩). 不仅如此，在限定变换为实变换时，标准形中正系数的个数是不变的(从而负系数的个数也不变)，于是有以下定理.

定理 5.2 设有实二次型 $f=\boldsymbol{x}^{\mathrm T}\boldsymbol{A}\boldsymbol{x}$，它的秩为 r，有两个实的可逆变换

$$\boldsymbol{x}=\boldsymbol{C}\boldsymbol{y}\quad 及\quad \boldsymbol{x}=\boldsymbol{P}\boldsymbol{z},$$

使

$$f=k_1y_1^2+k_2y_2^2+\cdots+k_ry_r^2\quad(k_i\neq 0),$$

以及

$$f=\lambda_1 z_1^2+\lambda_2 z_2^2+\cdots+\lambda_r z_r^2 \quad (\lambda_i \neq 0),$$

则 k_1，k_2，…，k_r 中正数的个数与 λ_1，λ_2，…，λ_r 中正数的个数相等.

定理 5.2 称为惯性定理，这里不予证明.

比较常用的二次型是标准形的系数全为正（$r=n$）或全为负的二次型，有下述定义.

定义 5.3 设有实二次型 $f(\boldsymbol{x})=\boldsymbol{x}^{\mathrm{T}}\boldsymbol{A}\boldsymbol{x}$，若对任何 $\boldsymbol{x}\neq\boldsymbol{0}$，都有 $f(\boldsymbol{x})>0$[显然 $f(\boldsymbol{0})=0$]，则称 f 为**正定二次型**，并称对称矩阵 $\boldsymbol{A}$ 是**正定的**.

定理 5.3 实二次型 $f(\boldsymbol{x})=\boldsymbol{x}^{\mathrm{T}}\boldsymbol{A}\boldsymbol{x}$ 为正定的充分必要条件是：它的标准形的 n 个系数全为正.

证明：设存在可逆变换 $\boldsymbol{x}=\boldsymbol{C}\boldsymbol{y}$，使

$$f(\boldsymbol{x})=f(\boldsymbol{C}\boldsymbol{y})=\sum_{i=1}^{n}k_i y_i^2.$$

充分性 设 $k_i>0(i=1, 2, \cdots, n)$，任给 $\boldsymbol{x}\neq\boldsymbol{0}$，则 $\boldsymbol{y}=\boldsymbol{C}^{-1}\boldsymbol{x}\neq\boldsymbol{0}$，故

$$f(\boldsymbol{x})=\sum_{i=1}^{n}k_i y_i^2>0.$$

必要性 用反证法，假设有 $k_s\leqslant 0$，则当 $\boldsymbol{y}=\boldsymbol{e}_s$（单位坐标向量）时，$f(\boldsymbol{C}\boldsymbol{e}_s)=k_s\leqslant 0$，显然 $\boldsymbol{C}\boldsymbol{e}_s\neq\boldsymbol{0}$，这与 f 为正定相矛盾，这就证明了 $k_i>0$.

推论 5.1 对称矩阵 $\boldsymbol{A}$ 为正定的充分必要条件是：$\boldsymbol{A}$ 的特征值全为正.

定理 5.4 对称矩阵 $\boldsymbol{A}$ 为正定的充分必要条件是：$\boldsymbol{A}$ 的各阶顺序主子式都为正，即

$$a_{11}>0,\quad \begin{vmatrix} a_{11} & a_{12} \\ a_{21} & a_{22} \end{vmatrix}>0,\ \cdots,\ \begin{vmatrix} a_{11} & \cdots & a_{1n} \\ \vdots & & \vdots \\ a_{n1} & \cdots & a_{nn} \end{vmatrix}>0.$$

例 5.5 当 λ 取何值时，二次型 $f(x_1, x_2, x_3)$ 为正定.

$$f(x_1, x_2, x_3)=x_1^2+2x_1x_2+4x_1x_3+2x_2^2+6x_2x_3+\lambda x_3^2.$$

解：题设二次型的矩阵 $\boldsymbol{A}=\begin{pmatrix} 1 & 1 & 2 \\ 1 & 2 & 3 \\ 2 & 3 & \lambda \end{pmatrix}$. 因为

$$|\boldsymbol{A}_1|=1>0,\quad |\boldsymbol{A}_2|=\begin{vmatrix} 1 & 1 \\ 1 & 2 \end{vmatrix}=1>0,\quad |\boldsymbol{A}_3|=|\boldsymbol{A}|=\lambda-5,$$

所以当 $\lambda>5$ 时，$f(x_1, x_2, x_3)$ 为正定.

设 $f(x, y)$ 是二元正定二次型，则 $f(x, y)=c$（$c>0$ 为常数）的图形是以原点为中心的椭圆. 当把 c 看作任意常数时，$f(x, y)=c$ 的图形是一族椭圆. 这族椭圆随着 $c\to 0$ 收缩到原点. 当 f 为三元正定二次型时，$f(x, y, z)=c$ 的图形是一族椭球面.

本章小结

二次型是一类特殊的多元函数，本章介绍了二次型的概念，二次型研究的主要问题是：寻求可逆变换 $\boldsymbol{x}=\boldsymbol{C}\boldsymbol{y}$，使这种一般的二次型化为只含平方项二次型的标准形. 二次型化为标准形有多种方法，可以使用对称矩阵对角化的方法，但拉格朗日配方法是化二次型为标准形的一种较方便的方法. 本章还介绍了正定二次型的定义及其判别方法，并给出了对称矩阵 $\boldsymbol{A}$

是正定的充分必要条件.

二次型的矩阵表示是必须掌握的内容，这是用矩阵方法解决二次型问题的前提．由于二次型在解析几何、工程技术、经济学等各方面有广泛的应用，是一项很有用的知识，故读者对于用拉格配方法化二次型为标准形、二次型的正定性等知识需有所了解.

课程思政

在二次型的学习过程中，可以从以下几方面探讨一些与思政相关的元素.

对称与和谐. 二次型的对称性与和谐性可以体现生活中的许多美好事物，如建筑、艺术和自然界．通过这些例子，有助于发现数学与世界的密切联系.

正与负的辩证关系. 在二次型中，正、负平方项的对立和统一有助于理解事物的辩证性质．正、负平方项在二次型中是对立的，但是它们又是相互依存的，这种对立和统一的观念有助于培养辩证思维能力.

数学建模的应用. 二次型可以用来描述很多实际问题，如物理中的力学问题、工程中的结构设计等．通过这些例子，可以看到数学建模在解决实际问题中的应用，从而培养数学应用意识。

数学中的美学. 二次型的对称性和简洁性体现了数学的美学价值，这有助于欣赏数学的美，培养数学审美能力.

探索与创新. 在二次型的学习过程中，需要积极探索、勇于创新．通过探究二次型的各种性质和应用，可以培养创新意识和探索精神.

实事求是的科学精神. 在二次型的学习过程中，需要具备实事求是的科学精神．通过科学实验和数据分析，可以培养科学素养和严谨的科学态度.

合作与分享. 在二次型的学习过程中，需要进行合作与分享．通过小组讨论和合作学习，可以培养合作精神和沟通能力.

通过在二次型中融入这些思政元素，不仅有助于更好地理解数学概念和实际应用，还可以培养综合素质和思想道德水平.

习题五

1. 写出下列实二次型相应的对称矩阵.

(1) $f(x, y) = x^2 + 3xy + y^2 = x^2 + \dfrac{3}{2}xy + \dfrac{3}{2}xy + y^2$;

(2) $f(x, y, z) = 3x^2 + 2xy + \sqrt{2}xz - y^2 - 4yz + 5z^2$;

(3) $f(x_1, x_2, x_3, x_4) = x_1^2 + x_2^2 + x_3^2 - x_4^2$;

(4) $f(x_1, x_2, x_3, x_4) = x_1x_2 + 2x_1x_3 - 4x_1x_4 + 3x_2x_4$.

2. 设有实对称矩阵 $\boldsymbol{A} = \begin{pmatrix} -1 & 1 & 0 \\ 1 & 0 & -1/2 \\ 0 & -1/2 & \sqrt{2} \end{pmatrix}$，求 $\boldsymbol{A}$ 对应的实二次型.

3. 求二次型 $f(x_1, x_2, x_3) = x_1^2 - 4x_1x_2 + 2x_1x_3 - 2x_2^2 + 6x_3^2$ 的秩.

4. 将 $x_1^2 + 2x_1x_2 + 2x_1x_3 + 2x_2^2 + 4x_2x_3 + x_3^2$ 化为标准形.

5. 将二次型 $f = 17x_1^2 + 14x_2^2 + 14x_3^2 - 4x_1x_2 - 4x_1x_3 - 8x_2x_3$ 通过正交变换 $\boldsymbol{x} = \boldsymbol{P}\boldsymbol{y}$，化为标准形.

6. 设 $f = 2x_1x_2 + 2x_1x_3 - 2x_1x_4 - 2x_2x_3 + 2x_2x_4 + 2x_3x_4$，求一个正交变换 $\boldsymbol{x} = \boldsymbol{P}\boldsymbol{y}$，把该二次型化为标准形.

7. 证明：若 $\boldsymbol{A}$ 为正定矩阵，则 $\boldsymbol{A}^{-1}$ 也是正定矩阵.

习题答案

习题一

1. (1) -37；(2) a^3-b^3.

2. (1) 18；(2) $(a-b)(b-c)(c-a)$.

3. (1) 3；(2) 7.

4. (1) $x=3$，$y=-1$；(2) $x_1=1$，$x_2=2$，$x_3=3$.

5. (1) 0；(2) 0；(3) -270；(4) 8；

(5) $(a+b+c+d)(a-b-c+d)(a+b-c-d)(a-b+c-d)$；

(6) $(a_2a_3-b_2b_3)(a_1a_4-b_1b_4)$.

6. (1) $x_1=1$，$x_2=2$，$x_3=3$，$x_4=-1$；

(2) $x_1=0$，$x_2=2$，$x_3=0$，$x_4=0$.

7. $x=7$.

8. $\lambda=0$，$\lambda=2$ 或 $\lambda=3$.

9. $x=a$，$y=b$，$z=c$.

10. 证明：设反对称行列式

$$D=\begin{vmatrix} 0 & a_{12} & a_{13} & \cdots & a_{1n} \\ -a_{12} & 0 & a_{23} & \cdots & a_{2n} \\ -a_{13} & -a_{23} & 0 & \cdots & a_{3n} \\ \vdots & \vdots & \vdots & & \vdots \\ -a_{1n} & -a_{2n} & -a_{3n} & \cdots & 0 \end{vmatrix},$$

其中，$a_{ij}=-a_{ji}(i\neq j\text{ 时})$，$a_{ij}=0(i=j\text{ 时})$.

利用行列式性质，有

$$D=D^{\mathrm{T}}=(-1)^n\begin{vmatrix} 0 & a_{12} & a_{13} & \cdots & a_{1n} \\ -a_{12} & 0 & a_{23} & \cdots & a_{2n} \\ -a_{13} & -a_{23} & 0 & \cdots & a_{3n} \\ \vdots & \vdots & \vdots & & \vdots \\ -a_{1n} & -a_{2n} & -a_{3n} & \cdots & 0 \end{vmatrix}=(-1)^nD,$$

当 n 为奇数时，有 $D=-D$，即 $D=0$.

11. a^4.

12. $-1\ 080$.

习题二

1. (1) $\begin{pmatrix} -1 & 6 & 5 \\ -2 & -1 & 12 \end{pmatrix}$; (2) $\begin{pmatrix} -1 & 4 \\ 0 & -2 \end{pmatrix}$.

2. (1) $\begin{pmatrix} -1 & 3 & 1 & 5 \\ 8 & 2 & 8 & 2 \\ 3 & 7 & 9 & 13 \end{pmatrix}$; (2) $\begin{pmatrix} 14 & 13 & 8 & 7 \\ -2 & 5 & -2 & 5 \\ 2 & 1 & 6 & 5 \end{pmatrix}$;

(3) $\begin{pmatrix} 3 & 1 & 1 & -1 \\ -4 & 0 & -4 & 0 \\ -1 & -3 & -3 & -5 \end{pmatrix}$; (4) $\begin{pmatrix} \frac{10}{3} & \frac{10}{3} & 2 & 2 \\ 0 & \frac{4}{3} & 0 & \frac{4}{3} \\ \frac{2}{3} & \frac{2}{3} & 2 & 2 \end{pmatrix}$.

3. (1) $\begin{pmatrix} 5 & 2 \\ 7 & 0 \end{pmatrix}$; (2) $\begin{pmatrix} 10 & 4 & -1 \\ 4 & -3 & -1 \end{pmatrix}$;

(3) $\begin{pmatrix} 35 \\ 6 \\ 49 \end{pmatrix}$; (4) $\begin{pmatrix} 6 & -7 & 8 \\ 20 & -5 & -6 \end{pmatrix}$.

4. $\begin{pmatrix} -2 & 13 & 22 \\ -2 & 17 & 20 \\ 4 & 29 & -2 \end{pmatrix}$, $\begin{pmatrix} 0 & 5 & 8 \\ 0 & -5 & 6 \\ 2 & 9 & 0 \end{pmatrix}$.

5. $\begin{pmatrix} 0 & 0 \\ 0 & 0 \end{pmatrix}$, $\begin{pmatrix} 10 & 5 \\ -20 & -10 \end{pmatrix}$, $\begin{pmatrix} 0 & 0 \\ 0 & 0 \end{pmatrix}$.

6. 略.

7. (1) $\begin{pmatrix} -2 & \frac{3}{2} \\ 1 & -\frac{1}{2} \end{pmatrix}$; (2) $\begin{pmatrix} -\frac{1}{2} & -\frac{3}{2} & -\frac{5}{2} \\ \frac{1}{2} & \frac{1}{2} & \frac{1}{2} \\ 0 & 1 & 1 \end{pmatrix}$.

8. (1) $\begin{pmatrix} 2 & -23 \\ 0 & 8 \end{pmatrix}$; (2) $\begin{pmatrix} -2 & 2 & 1 \\ -\frac{8}{3} & 5 & -\frac{2}{3} \end{pmatrix}$;

(3) $\begin{pmatrix} 1 & 1 \\ \frac{1}{4} & 0 \end{pmatrix}$; (4) $\begin{pmatrix} 2 & -1 & 0 \\ 1 & 3 & -4 \\ 1 & 0 & -2 \end{pmatrix}$.

9. $-\begin{pmatrix} 2 & 1 \\ 4 & 3 \end{pmatrix}$.

10. $\begin{pmatrix} -15 & -14 \\ -17 & -14 \\ 22 & 19 \end{pmatrix}$.

11. (1) $\begin{pmatrix} 4 & -2 & 2 & 0 \\ -6 & 6 & 0 & 2 \\ 0 & 0 & 15 & 18 \\ 0 & 0 & 6 & 7 \end{pmatrix}$;　(2) $\begin{pmatrix} \frac{1}{2} & 0 & 0 & 0 \\ 0 & \frac{1}{2} & 0 & 0 \\ 0 & 0 & 1 & -2 \\ 0 & 0 & -2 & 5 \end{pmatrix}$;

(3) $\begin{pmatrix} 1 & \frac{1}{3} & -\frac{1}{3} & -1 \\ 1 & \frac{2}{3} & -\frac{1}{3} & -\frac{2}{3} \\ 0 & 0 & \frac{1}{3} & \frac{4}{3} \\ 0 & 0 & 0 & -1 \end{pmatrix}$.

12. (1) $\begin{pmatrix} 1 & 0 & 0 & 5 \\ 0 & 0 & 1 & -3 \\ 0 & 0 & 0 & 0 \end{pmatrix}$;　(2) $\begin{pmatrix} 1 & 0 & 0 & \frac{8}{5} \\ 0 & 1 & 0 & -1 \\ 0 & 0 & 1 & 2 \\ 0 & 0 & 0 & 0 \end{pmatrix}$;

(3) $\begin{pmatrix} 1 & 0 & 0 & 0 & \frac{1}{3} \\ 0 & 0 & 1 & 0 & \frac{2}{3} \\ 0 & 0 & 0 & 1 & \frac{1}{3} \\ 0 & 0 & 0 & 0 & 0 \end{pmatrix}$;　(4) $\begin{pmatrix} 1 & 0 & 3 & 0 & 0 \\ 0 & 1 & -2 & 0 & 0 \\ 0 & 0 & 0 & 1 & 0 \\ 0 & 0 & 0 & 0 & 1 \\ 0 & 0 & 0 & 0 & 0 \end{pmatrix}$.

13. (1)2; (2)3; (3)2; (4)3.

14. (1) $\begin{pmatrix} -\frac{1}{2} & \frac{1}{2} & 0 \\ 1 & 0 & -1 \\ 0 & 0 & 1 \end{pmatrix}$;　(2) $\begin{pmatrix} -17 & -1 & 44 \\ 10 & -1 & -10 \\ -3 & 3 & 3 \end{pmatrix}$;

(3) $\begin{pmatrix} 1 & -2 & 1 & 0 \\ 0 & 1 & -2 & 1 \\ 0 & 0 & 1 & -2 \\ 0 & 0 & 0 & 1 \end{pmatrix}$;　(4) $\begin{pmatrix} 2 & -1 & 0 & 0 \\ -1 & 1 & 0 & 0 \\ -1 & 1 & 2 & -3 \\ 1 & -2 & -1 & 2 \end{pmatrix}$.

15(1) $\begin{pmatrix} 2 & -23 \\ 0 & 8 \end{pmatrix}$;　(2) $\frac{1}{6}\begin{pmatrix} 11 & 3 & 18 \\ -1 & -3 & -6 \\ 4 & 6 & 6 \end{pmatrix}$;

(3) $\begin{pmatrix} 1 \\ 3 \\ 2 \end{pmatrix}$;　(4) $\begin{pmatrix} 2 & 2 \\ -1 & 1 \\ 4 & 1 \end{pmatrix}$.

习题三

1. (1) $(5, 4, 2, 1)^T$; (2) $(-5/2, 1, 7/2, -8)^T$.

2. $(1, 2, 3, 4)^T$.

3. (1)线性相关；(2)线性无关；(3)线性无关；(4)线性相关.

4. 当 $t=1$ 时线性相关，当 $t \neq 1$ 时线性无关.

5. (1)秩等于 3，$\boldsymbol{\alpha}_1$，$\boldsymbol{\alpha}_2$，$\boldsymbol{\alpha}_3$ 为其极大无关组；

(2)秩等于 3，$\boldsymbol{\alpha}_1$，$\boldsymbol{\alpha}_2$，$\boldsymbol{\alpha}_3$ 为其极大无关组；

(3)秩等于 2，$\boldsymbol{\alpha}_1$，$\boldsymbol{\alpha}_2$ 为其极大无关组；

(4)秩等于 2，$\boldsymbol{\alpha}_1$，$\boldsymbol{\alpha}_2$ 为其极大无关组；

(5)秩等于 3，$\boldsymbol{\alpha}_1$，$\boldsymbol{\alpha}_2$，$\boldsymbol{\alpha}_4$ 为其极大无关组.

6. (1)不是；(2)不是；(3)是；(4)不是.

7. (1)基础解系为 $\boldsymbol{\xi}_1 = \begin{pmatrix} -1 \\ 24 \\ 9 \\ 0 \end{pmatrix}$，$\boldsymbol{\xi}_2 = \begin{pmatrix} 2 \\ -21 \\ 0 \\ 9 \end{pmatrix}$，通解为 $\boldsymbol{x} = k_1\boldsymbol{\xi}_1 + k_2\boldsymbol{\xi}_2$，其中 k_1、k_2 为任意实数；

(2)基础解系为 $\boldsymbol{\xi} = \begin{pmatrix} -1 \\ -1 \\ 0 \\ 1 \end{pmatrix}$，通解为 $\boldsymbol{x} = k\boldsymbol{\xi}$，其中 k 为任意实数；

(3)基础解系为 $\boldsymbol{\xi}_1 = \begin{pmatrix} -2 \\ 3 \\ 1 \\ 0 \\ 0 \end{pmatrix}$，$\boldsymbol{\xi}_2 = \begin{pmatrix} -2 \\ 3 \\ 0 \\ 1 \\ 0 \end{pmatrix}$，$\boldsymbol{\xi}_2 = \begin{pmatrix} -3 \\ 2 \\ 0 \\ 0 \\ 1 \end{pmatrix}$，通解为 $\boldsymbol{x} = k_1\boldsymbol{\xi}_1 + k_2\boldsymbol{\xi}_2 + k_3\boldsymbol{\xi}_3$，其中 k_1、k_2、k_3 为任意实数。

8. (1)方程组无解；

(2)通解为 $\boldsymbol{x} = \begin{pmatrix} \frac{6}{7} \\ -\frac{5}{7} \\ 0 \\ 0 \end{pmatrix} + k_1\begin{pmatrix} 1 \\ 5 \\ 7 \\ 0 \end{pmatrix} + k_2\begin{pmatrix} 1 \\ -9 \\ 0 \\ 7 \end{pmatrix}$，其中 k_1、k_2 为任意实数；

(3)通解为 $\boldsymbol{x} = \begin{pmatrix} -3 \\ 2 \\ 0 \\ 0 \end{pmatrix} + k_1\begin{pmatrix} 8 \\ -6 \\ 1 \\ 0 \end{pmatrix} + k_2\begin{pmatrix} -7 \\ 5 \\ 0 \\ 1 \end{pmatrix}$，其中 k_1、k_2 为任意实数；

(4)通解为 $\boldsymbol{x}=\begin{pmatrix}\frac{1}{2}\\0\\\frac{1}{2}\\0\end{pmatrix}+k_1\begin{pmatrix}1\\1\\0\\0\end{pmatrix}+k_2\begin{pmatrix}1\\0\\2\\1\end{pmatrix}$，其中 k_1、k_2 为任意实数.

习题四

1. (1)0；(2)31.

2. (1) $\boldsymbol{e}_1=\frac{1}{\sqrt{6}}\begin{pmatrix}1\\2\\-1\end{pmatrix}$，$\boldsymbol{e}_2=\frac{1}{\sqrt{3}}\begin{pmatrix}-1\\1\\1\end{pmatrix}$，$\boldsymbol{e}_3=\frac{1}{\sqrt{2}}\begin{pmatrix}1\\0\\1\end{pmatrix}$；

(2) $\boldsymbol{e}_1=\left(\frac{1}{2},\ \frac{1}{2},\ \frac{1}{2},\ \frac{1}{2}\right)$，$\boldsymbol{e}_2=\left(0,\ \frac{-2}{\sqrt{14}},\ \frac{-1}{\sqrt{14}},\ \frac{3}{\sqrt{14}}\right)$，$\boldsymbol{e}_3=\left(\frac{1}{\sqrt{6}},\ \frac{1}{\sqrt{6}},\ \frac{-2}{\sqrt{6}},\ 0\right)$.

3. (1)特征值为1、2、2，对应的特征向量 $\boldsymbol{\eta}_1=(-1,\ 1,\ 1)^{\mathrm{T}}$，$\boldsymbol{\eta}_2=(1,\ 0,\ 1)^{\mathrm{T}}$，$\boldsymbol{\eta}_3=(0,\ 1,\ 1)^{\mathrm{T}}$；

(2)特征值为1、3、6，对应的特征向量 $\boldsymbol{\eta}_1=(1,\ 0,\ 0)^{\mathrm{T}}$，$\boldsymbol{\eta}_2=(1,\ 1,\ 0)^{\mathrm{T}}$，$\boldsymbol{\eta}_3=(22,\ 25,\ 15)^{\mathrm{T}}$.

4. 9.

5. 能.

6. $\boldsymbol{P}=\begin{pmatrix}2/3 & 2/3 & 1/3\\2/3 & -1/3 & -2/3\\1/3 & -2/3 & 2/3\end{pmatrix}$.

习题五

1. (1) $\begin{pmatrix}1 & 3/2\\3/2 & 1\end{pmatrix}$；　(2) $\begin{pmatrix}3 & 1 & \sqrt{2}/2\\1 & -1 & -2\\\sqrt{2}/2 & -2 & 5\end{pmatrix}$；

(3) $\begin{pmatrix}1 & 0 & 0 & 0\\0 & 1 & 0 & 0\\0 & 0 & 1 & 0\\0 & 0 & 0 & -1\end{pmatrix}$；　(4) $\begin{pmatrix}0 & 1/2 & 1 & -2\\1/2 & 0 & 0 & 3/2\\1 & 0 & 0 & 0\\-2 & 3/2 & 0 & 0\end{pmatrix}$.

2. $f(x_1,\ x_2,\ x_3)=-x_1^2+2x_1x_2-x_2x_3+\sqrt{2}x_3^2$.

3. 3.

4. $y_1^2+y_2^2-y_3^2$.

5. $f=9y_1^2+18y_2^2+18y_3^2$.

6. 正交变换为 $\begin{pmatrix} x_1 \\ x_2 \\ x_3 \\ x_4 \end{pmatrix} = \begin{pmatrix} 1/2 & 1/\sqrt{2} & 0 & 1/2 \\ -1/2 & 1/\sqrt{2} & 0 & -1/2 \\ -1/2 & 0 & 1/\sqrt{2} & 1/2 \\ 1/2 & 0 & 1/\sqrt{2} & -1/2 \end{pmatrix} \begin{pmatrix} y_1 \\ y_2 \\ y_3 \\ y_4 \end{pmatrix}$,

标准形为 $f = -3y_1^2 + y_2^2 + y_3^2 + y_4^2$.

7. 略.

参 考 文 献

[1]李桂贞，陈益智. 线性代数同步学习指导[M]. 上海：复旦大学出版社，2016.

[2]胡金德，李播. 线性代数习题全解与考研指导[M]. 北京：北京理工大学出版社，2012.

[3]黎虹，刘晶晶，韩云龙. 线性代数 [M]. 北京：北京理工大学出版社，2022.

[4]徐仲. 线性代数课程学习及考研辅导[M]. 天津：天津大学出版社，2013.

[5]同济大学数学系. 工程数学线性代数[M]. 6 版. 北京：高等教育出版社，2014.

[6]同济大学数学系. 线性代数附册学习辅导与习题全解[M]. 6 版. 北京：高等教育出版社，2014.

[7]吴赣昌. 线性代数(经管类)[M]. 5 版. 北京：中国人民大学出版社，2017.

[8]熊廷煌. 高等代数简明教程[M]. 武汉：湖北教育出版社，1987.

[9]霍元极. 高等代数[M]. 北京：北京师范大学出版社，1988.

[10]丘维声. 高等代数(上册)[M]. 北京：高等教育出版社，1996.